JN440644

첨단기술과 함께하는
대한민국 이카루스의 꿈

초고층빌딩 건축기술

초고층빌딩 설계 · 시공기술 연구단

머리말

사람이 건축물을 짓지만, 그 건축이 다시 사람을 만든다고들 합니다. 공간에 의해 사람들의 생활방식이 규정되고 사고방식에 변화가 일어납니다. 건축 및 건설에 관련된 일을 하는 우리 모두는 그래서 언제나 남보다 많은 생각과 고민을 해야 합니다.

초고층빌딩에 대해 생각해 봅니다. 초고층빌딩은 그 도시의 경관을 바꾸며 랜드마크가 됩니다. 또한, 한 나라, 어느 한도시의 상징으로 자리잡기도 합니다. 초고층빌딩은 당대의 가장 발전된 기술의 집약체로서, 한정된 도시 공간의 효율을 극대화합니다. 미래를 다룬 픽션 작품에는 대부분 초고층빌딩이 등장합니다. 그만큼 이러한 건축양식은 인류의 미래와 떼어놓을 수 없는 것입니다.

세계 곳곳에 초고층빌딩이 존재하고 있으며 지금도 건설되고 있습니다. 건축 및 건설 분야에서 세계와 경쟁해 온 우리나라의 입장에서서 글로벌 시장 진출이라는 우리의 먹거리를 생각해 보아도 초고층빌딩에 대한 기술 연구를 게을리 할 수는 없습니다. 선진기술이 필요했던 초고층빌딩 건설 분야에서, 지금까지 한국은 핵심 원천기술이 부족했던 것이 사실입니다. 현대의 초고층빌딩은 비정형 구조가 일반화되어 가면서 3차원 설계만이 아니라, 3차원 시공기술까지 요구합니다.

또한, 초고층빌딩은 초대형화, 고집적화, 쾌적성, 안전성, 친환경성 등을 만족시키기 위하여 첨단기술이 집약된 환경 조절 설비기술이 필요합니다. 각종 설비와 시설은 3차원 골조와 공존하여야 하고 에너지 소모를 효율화 하기 위해 BIM정보를 활용한 기술이 상호 연동되도록 설계되어야 합니다. 이와 같이 초고층빌딩에서는 고난도 설계기술이 융복합 되어야 하나 우리나라는 불행히도 아직까지 100층 이상 초고층빌딩 설계기술을 100% 자체적으로 확보하고 있지 못합니다.

저희 초고층빌딩 설계기술연구단과 시공기술연구단은 국토교통부와 국토교통과학기술진흥원의 지원에 힘입어 지난 2009년 발족했습니다. 초고층빌딩의 설계와 시공에서 한국이 '글로벌 톱(Global Top)'의 위치에 이를 수 있게 하기 위해, 국내 초고층 설계 및 엔지니어링, 재료 및 시공기술 분야의 엔지니어들의 연구 역량을 총결집한 연구단이었습니다. 지속가능한 초고층빌딩 수직도시공간 창출과 유지관리 기술 고도화라는 비전을 실현시키기 위하여 우리 연구단에서는 1) 초고층 통합설계 시스템 개발, 2) 에너지 저감 환경기술 개발, 3) 구조시스템성능 개선 기술 개발, 4) 초고층 지능형 유지관리 기술 개발 5) 고성능 재료기술 개발, 6) 첨단 시공기술 개발, 7) 화재 안전기술 개발 등의 전략 목표에 따른 세부 연구과제를 수행하였습니다.

저희 연구단은 지난 6여년 동안 국내의 여러 연구자들의 집중적인 노력으로 큰 진보를 이루었습니다. 설계기술 연구단에서는 비정형 구조시스템의 내진성능 평가 기술 및 접합부 설계기술 개발, 초대형 파라메트릭 모델링 및 전산 최적설계와 풍진동제어 분야에서 세계 최고 수준의 기술을 개발하여 테크노마트 빌딩, 인천공항 3단계 관제탑 및 동남아 각국의 초고층 빌딩 건축에 적용하였고, 초고층 오피스용 다기능 조립식 냉난방 패널시스템 및 지능형 유지관리 기술을 개발하였습니다. 시공기술연구단에서는 건축용 800Mpa급 고성능강의 실용화 및 합성구조 기술을 개발하였으며, 저비용 · 고속시공을 위한 시스템 거푸집과 양중 기술 또한 사우디아라비아의 1km 높이인 서계 최고층 빌딩 제다타워(전, 킹덤타워)에 적용되어 세계시장에서 상용화되는 쾌거를 이루었습니다. 그리고 이러한 성과를 인정받아 지난 2015년 12월에는 초고층빌딩 글로벌 R&BD센터가 문을 열었습니다.

이 초고층 센터는 초고층빌딩 설계 및 시공기술을 연구 · 개발하는 것은 물론이고, 산학 연계를 통해 관련 분야 강소기업을 지원 육성하고 선순환 기술개발 체계를 만들고자 합니다. 초고층 센터의 건립으로 기술 개발부터 이 기술의 사업화에서 글로벌화까지 전주기에 걸쳐 지원할 수 있게 되었습니다. 앞으로 초고층빌딩 글로벌 R&BD센터는 기술 · 지식네트워크 운용을 통하여 연구 및 실용화 역량이 결집되는 글로벌 컨트롤 타워가 될 것 입니다.

이 책은 지난 몇 년 간 초고층빌딩 설계연구단과 시공연구단에서 수행한 연구 결과를 담았습니다. 건축 또는 건설에 종사하지 않는 사람들이 초고층빌딩에 대해 가지고 있는 궁금증을 해결할 수 있도록, Q&A와 함께 초고층빌딩에 관한 상식부터 하나하나 정리해 보았습니다. 저희 연구단의 연구 결과 또한 더 많은 이들이 읽고 이해할 수 있게 하기 위해 쉽게 풀어 썼습니다. 몇 년 동안 수많은 연구 인력이 노력해 온 결과를 담기에는 너무 작은 책이라고 생각합니다만, 이 책을 통해 좀 더 많은 이들이 초고층빌딩에 관심을 가지게 된다면 초고층 연구단의 한 사람으로서 보람있는 일이라고 생각합니다.

책이 나오기까지 도와주신 국토교통부와 국토교통과학기술진흥원의 관계자 여러분, 연구단의 여러 연구자 분들, 출판사 관계자들, 기타 이 책이 나오기까지 애써주신 모든 분들께 깊은 감사를 드립니다.

국토교통부지원 초고층빌딩 설계기술연구단장
초고층빌딩 글로벌 R&BD센터장 정 란

초고층빌딩 시공기술연구단장 김진호

차 례

Chapter 1 **초고층건축물을 소개합니다.** **011**

인류의 기술 발전을 증명하는 건축 012
높은 곳을 오르고자 하는 사람들의 욕망 012
고대의 고층건축물 014
피라미드와 중세 종교건축 016
중세 유럽의 고딕 성당 017
산업혁명과 에펠탑 020
시카고의 화재와 마천루(摩天樓)의 등장 021
근대의 초고층건축을 가능하게 해준 기술 023
세계적으로 유명한 초고층건축물 025
비서구 지역의 초고층건축물 027

Chapter 2 **초고층건축물에 대한 궁금증과 답변** **031**

왜 초고층건축물을 지어야 할까? 032
초고층건축물은 왜 유리로 외관을 마감한 경우가 많을까? 033
초고층건축물은 왜 특이한 비대칭 형태가 많을까? 033
초고층건축물은 구조가 부실하지 않을까? 034
초고층건축물은 왜 창문의 형태가 보통 고층건축물이나 아파트와는 다를까? 034
초고층건축물이 지반을 약화시킨다는 데 사실일까? 035
혹시 초고층건축물이 무너지지 않을까? 035
초고층건축물은 환기와 냉난방을 어떻게 할까? 037
초고층건축물은 환경에 나쁘지 않을까? 038
초고층건축물에 수도나 전기는 어떻게 문제 없이 공급될까? 038
초고층건축물은 바람이나 지진에 위험하지 않을까? 039
초고층건축물은 흔들리지 않을까? 040
높은 건축물을 지을 때 타워크레인 같은 장비들을 어떻게 높이 올릴 수 있을까? 041
초고층건축물은 화재에 어떻게 대비하고 있을까? 041
초고층건축물의 화재 때 콘크리트가 폭발하지 않을까? 042
초고층건축물에 불이 나면 어디로 피해야 할까? 043
초고층건축물은 콘크리트가 일반 고층건축물과 다를까? 044

Chapter 3 한국의 초고층 건축기술 어디까지 왔나 047

초고층건축의 동향과 기술 수준 048
한국의 초고층건축물 건설 049
초고층건축의 미래 동향은? 050
초고층건축 기술은 단순하지 않다 051
기술 특허는 어느 나라가 많을까 055
연구 동향에서 알 수 있는 것들 056
한국 초고층건축 기술의 강점과 약점 057
한국의 초고층건축 기술의 세계적 수준 060
초고층빌딩설계연구단과 시공연구단이 이룬 성과 060

Chapter 4 초고층건축물을 위한 법과 제도 063

초고층건축물만을 위한 법과 제도가 필요하다 064
두 가지 방향으로 법안을 준비하다 065
초고층을 위한 절차와 기준을 새롭게 마련하자 066
초고층의 실제 건설과 관련된 법안과 규정들 068
초고층건축물은 성능을 어떻게 평가해야 할까 070
기술과 안정성 평가를 위한 가이드라인을 만들다 071
초고층건축물이 제대로 건설되려면 073
초고층건축물에 대한 법과 제도가 가야 할 곳 074

Chapter 5 초고층건축물에 패션을 입히다. 077

초고층 구조가 가진 문제점은 078
자유로운 형태의 건축물이 늘어난다 079
우리만의 선진 기술이 필요하다 081
초고층건축 분야의 시장 현황 084
비정형 건축물을 만들기 위한 설계법 085
비정형 설계의 어려움 087
새로운 구조설계 기법을 제안하다 088
스트라우토 시스템이 이뤄낸 결과 091
앞으로가 더 기대되는 기술 092

Chapter 6 국산 고성능 강재로 초고층을 짓는다. 093

인류의 역사를 만들어온 금속, 철 094
철의 등장과 고층건축물 094
초고강도 강재가 왜 필요할까 096
더 강한 철강재를 만들기 위하여 097
새로운 고강도 철강, 현장에서 활약하다 098
고강도 철강재의 밝은 미래 099

Chapter 7 초고층건축의 핵심, 초고강도 콘크리트 101

콘크리트란? 102
콘크리트의 생애 103
콘크리트와 고강도 콘크리트 105
초고강도 콘크리트의 역사 107
세계 시장의 상황 108
새로운 초고강도 콘크리트 제조기술을 개발하라 110

Chapter 8 현장의 재료와 공법이 달라지고 있다. 113

거푸집이란? 114
초고층건축물에서 거푸집 공사가 중요한 이유 118
세계 최고의 새로운 거푸집을 만들다 118
가변형 테이블폼(Flexible Table Form)이란? 120
자동 인양 플랫폼, 테이블폼 거푸집을 올린다 121
테이블폼 거푸집을 제대로 배치하는 법 123
공사 품질 관리를 스마트폰으로 124
현장에서 신기술을 실험하다 125
새로운 기술을 수출하기 전에 127

Chapter 9 고속 시공을 위해서 꼭 필요한 한 가지 131

리프트는 어떤 일을 할까? 132
리프트의 역사 132

초고층건축물과 리프트 136
비정형 리프트가 필요하다 137
현장에서 실험한 신기술 138
새로운 리프트로 해외에 진출하자 140

Chapter 10 세계 최초, 수직과 수평의 흔들림을 동시에 잡다. 141

초고층건축물, 진동을 잡아라 142
테크노마트에서 생긴 일 142
지진보다 무서운 바람 144
번지점프를 하다 146
풍진동을 잡기 위해 148
진동을 잡는 장치를 만들자 150
공진현상이란 무엇일까? 151
테크노마트에서 정말로 일어난 일 152
흔들리는 건축물은 안전할까 153
만약을 위해 흔들림을 잡아라 154
바람에도 흔들리지 않아야 한다 155
세계에 없던 제어장치를 새롭게 만들다 156
세계 최초의 제진장치를 제자리에 설치하라 158
드디어 모든 것이 제자리에 161
바람에 흔들리지 않는 초고층건축물을 위해 162

Chapter 11 화재에 안전한 초고층건축물을 만들어라! 163

초고층 건축물에 화재가 발생한다면 164
화재에 맞서는 기술은 165
건축적 대응과 설비적 대응 166
화재와 관련된 규정 167
건축물의 화재 안전을 위한 기술 169
화재층 연기 제어 기술 171
수직 연기 제어 기술 172
화장실을 대피 공간으로 만드는 기술 175

무지향성 연기 제어 댐퍼 기술 177
영구 거푸집 겸용 내화시스템 기술 179
화재 시나리오 개발 기술 180

Chapter 12 에너지 사용 'ZERO'에 도전한다. 183

건축과 에너지 대책 184
초고층건축물의 에너지 환경 185
에너지 자립은 가능할까 187
초고층 복합건축물이 에너지를 아끼는 법 189
어떤 냉난방이 좋을까 191
복사냉난방 패널로 에너지를 절감하라 192
복사냉난방 패널 시스템 시제품을 만들다 194
복사냉난방 패널 시스템 효과 196

Chapter 13 건축물 시공에서 위치 변화를 잡아라. 199

피사의 사탑은 왜 기울어 있을까? 200
시공 도중 변형되기 쉬운 초고층건축물 202
시공 도중 일어나는 위치 변화를 어떻게 막을까 204
변위 기술 개발에 성공하다 206
동남아 초고층건축물 시장에 기술 한류의 바람을 209

Chapter 14 초고층건축물, 관리에도 지능이 필요하다. 211

초고층건축물과 에너지 관리 212
에너지 절감은 세계적 추세 214
신개념 건축물관리가 필요하다 216

Chapter 1

초고층건축물을 소개합니다.

인류의 기술 발전을 증명하는 건축

언제부터인가 한국에서도 초고층건축물이라는 말을 자주 쓰고 있습니다. 매우 높은 건축물을 가리킨다는 의미는 누구나 알지만, 과연 초고층과 고층의 차이는 무엇인지 아니면 얼마나 높은 건축물부터 초고층이라고 부르는지는 잘 모르는 사람도 많습니다. 초고층건축물이라는 명칭은 상대적인 개념이라고 할 수 있습니다. 과거에는 높은 건축물로 꼽혔지만, 오늘날 기준으로 볼 때 별로 높지 않게 느껴지는 건축물도 많습니다. 고층이다, 초고층이다라는 말은 어떤 기준을 정하기가 그만큼 어려운 개념이기도 합니다.

외국에서도 이런 정의가 모호하기는 마찬가지라고 합니다. 초고층건축물을 영어로 무엇이라고 부를까요? '스카이스크레이퍼(skyscraper)'나 '슈퍼톨빌딩(super tall building)' 등 높은 건축물을 가리키는 영어 단어들이 있지만, 이런 단어 역시 얼마나 높은 건축물을 가리키는지에 대한 설명은 사전에 나와 있지 않습니다. 한국의 법률과 초고층건축물을 연구하는 학자, 건축가, 기술자들의 의견을 종합해보면 50층 또는 200m 이상의 건축물을 초고층이라고 부릅니다(건축법 시행령 제2조 15). 하지만 일상생활에서는 여전히 이런 법적인 규정보다는 사람들이 느끼기에 '매우' 높은 건축물을 초고층건축물이라고 부르는 경우가 더 많은 것으로 보입니다.

높은 곳을 오르고자 하는 사람들의 욕망

초고층건축물은 왜 지어졌을까요? 아주 옛날 선사시대부터 사람들은 높은 구조물을 만들었습니다. 고인돌이나 영국의 유명한 유적 스톤헨지(Stonehenge)도 그것을 지을 때는 높고 거대한 구조물이었겠죠. 이집트 피라미드(Pyramid) 역시 당시로서는 최고 수준의 기술을 동원한 고층건축물이었습니다. 또한 여러 문화권에는 아주 오래된 옛날에 지은 탑들이 있습니다.

한국 역시 이런 추세에서 벗어나지 않습니다. 한국을 고인돌의 나라라고 부르는 사람도 있습니다. '고인돌'이라는 말처럼 돌을 괴어 높이 만든 구조물인 선사시대의 고인돌은 무덤이나 제단, 고대의 고층건축물로 쓰였을 것이라고 학자들은 말합

그림 1.1 한국의 고인돌

니다. 이런 고인돌이 한국에는 수만 기나 있습니다. 아직도 새로 발견되는 것들이 있어서 정확한 숫자를 계산하기 힘들 정도입니다. 한국에는 고인돌이 너무 흔해서 어떤 지역에서는 고인돌의 역사적 가치를 모르는 채 집안 장독대로 쓰거나 빨랫돌로 쓰고 있을 정도라고 합니다.

한국에는 높은 지역, 즉 산꼭대기 같은 곳에 단을 쌓은 유적도 많습니다. 단군신화를 보면 '천제의 아들 환웅이 태백산 꼭대기 신단수 아래에 신시를 열었다' 는 기록이 있습니다. 산꼭대기에 단을 쌓았다는 말도 이 기록에 나옵니다. 강화도 마니산에는 참성단이 있습니다. 전국체전 같은 체육행사를 할 때 그곳에서 불을 붙여 성화를 봉송합니다. 이렇듯 평지가 아닌 산 '꼭대기' 에 신성한 공간을 만들었던 것은 다른 나라에서 신성한 의미를 지닌 건축물을 높이 쌓은 것과 비슷한 생각에서였을 것입니다.

고대의 고층건축물

하늘과 가까워지려는 인간의 욕구는 기원 전부터 찾아볼 수 있습니다. 앞서 말했던 제단이나 고인돌, 피라미드, 각종 탑 등이 그 표현입니다. 이후 고전 건축 시대를 거치면서 본격적인 고층건축물이 들어섰고, 도구와 기술이 발달하여 석재를 잘 다룰 수 있게 되면서 건축기술도 한층 발달했습니다. 중세 시대에는 서양에서 고딕(Gothic) 양식으로 지은 성당이 나타납니다.

현재는 남아 있지 않지만 사람이 만든 최초의 거대한 구조물은 성경에 나오는 바벨탑(Tower of Babel)이라고 합니다. 기원 전 3~4천 년에 건설되었다고 하는 바벨탑은 지금의 이라크 남부 바빌로니아 지역에 위치해 있다고 하지요.

티그리스 강과 유프라테스 강이 만나는 초승달 모양의 이 지역은 인류 최초의 문명인 수메르 문명이 시작된 곳입니다. 이곳에서 현재의 사우디아라비아, 요르단, 이스라엘, 이집트로 이어지는 지역은 기원 전에는 곡식이 잘 자라는 곳이었고, 많은 도시 국가들이 생겨난 곳이기도 합니다.

성경 창세기 11장에 등장하는 바벨탑 이야기

1. 처음에 세상에는 언어가 하나뿐이어서 모두가 같은 말을 썼다.
2. 사람들이 동쪽으로 이동하여 오다가 시날 땅 한 들판에 이르러서, 거기에 자리를 잡았다.
3. 그들은 서로 말하였다. "자, 벽돌을 빚어서, 단단히 구워내자" 사람들은 돌 대신에 벽돌을 쓰고, 흙 대신에 역청을 썼다.
4. 그들은 또 말하였다. "자, 도시를 세우고, 그 안에 탑을 쌓고서, 탑 꼭대기가 하늘에 닿게 하여, 우리의 이름을 날리고, 온 땅 위에 흩어지지 않게 하자."
5. 주께서는 사람들이 짓고 있는 도시와 탑을 보려고 내려오셨다.
6. 주께서 말씀하셨다. "보아라, 만일 사람들이 같은 말을 쓰는 한 백성으로서, 이렇게 이런 일을 하기 시작하였으니 이제 그들은, 하고자 하는 것은 무엇이든지, 하지 못할 일이 없을 것이다.
7. 자, 우리가 내려가서 그들이 거기에서 하는 말을 뒤섞어서, 그들이 서로 알아듣지 못하게 하자."
8. 주께서 거기에서 그들을 온 땅으로 흩으셨다. 그래서 그들은 도시 세우는 일을 그만두었다.
9. 주께서 거기에서 온 세상의 말을 뒤섞으셨다고 하여, 사람들은 그곳의 이름을 바벨이라고 한다. 주께서 거기에서 사람들을 온 땅에 흩으셨다.

성서의 구약 창세기 11장에는 "사람이 하늘에 닿아 하나님과 같이 높아지게 하여 흩어짐을 면하게 하자"라며 바벨탑을 축조하기 시작했다는 구절이 나옵니다.

아마 여러 도시 국가의 사람들이 모여 탑을 쌓은 것으로 보입니다. 성경에는 이 건축물의 재료가 벽돌과 역청(bitumen, 瀝青)이라고 설명되어 있습니다. 역청은 화학적으로는 정확한 의미가 따로 있지만, 일반적으로는 천연 아스팔트나 그 밖의 탄화수소를 모체로 하는 물질을 가열 · 가공했을 때 생기는 '흑갈색 또는 갈색의 타르 같은 물질'을 뜻합니다. 이 역청은 아마 끈적한 성질로 바벨탑에서 벽돌과 벽돌을 이어붙이는 역할을 했을 것입니다.

바벨탑의 모양에 대해서는 여러 가지 의견이 있습니다. 그리스 역사가 헤로도토스(Herodotos)는 바벨탑의 높이가 90m 정도였으며 밑면은 사방 90m×90m의 사각뿔로 피라미드와 비슷한 형태였다고 말했습니다. 반면 1563년 피테르 브뤼겔(Pieter Bruegel, 1525~1569)이 그린 유화에는 다른 모양의 바벨탑이 등장합니다. 이 그림 속에는 높이가 114m 정도의 높이인 원형 탑이 등장하는데, 원래의 바벨탑이 어떤 모양이었을지 오늘날의 우리로서는 상상밖에 할 수 없는 노릇입니다.

그림 1.2 바벨탑(브뤼겔의 상상도)

피라미드와 중세 종교건축

이집트의 피라미드는 고대 이집트 문명의 기하학, 측량, 천문학 등의 모든 과학기술이 집대성되어 만들어진 구조물입니다. 정사각형인 바닥의 네 변이 정확하게 동서남북 각 방향을 가리키고 있고, 변의 길이가 거의 같아 모두 차이나지 않습니다(오차율 0.03% 이하). 지금보다 기술이 발달하지 않았던 고대에 무거운 석재를 사용해 사각뿔 모양을 만들어낸 점도 놀랍습니다.

피라미드들은 고대뿐 아니라 지금의 시각으로 보아도 초고층입니다. 유명한 쿠푸 왕의 피라미드(Khufu's Pyramid)는 원래 높이가 146.7m(현재는 이보다 좀 낮아졌다고 함)인데, 현대식 빌딩 높이로 보면 50층 정도에 이른다고 할 수 있습니다. 피라미드보다 훨씬 나중에 지어진 그리스 파르테논(Parthenon) 신전의 높이가 10m라는 사실과 서울의 63빌딩이 생긴 것이 1985년의 일임을 감안할 때, 기원 전 2500년 이전에 지어진 피라미드의 건설기술이 얼마나 놀라운 것인지 짐작할 수 있습니다.

피라미드는 에펠탑(Eiffel Tower)이 건설되기 전까지는 세계에서 가장 높은 구조물로 알려져 있었습니다. 하지만 모두가 알고 있듯이 피라미드는 파라오(Pharaoh)의 무덤이며, 종교적 상징물의 성격이 있기 때문에 오늘날의 초고층건축물처럼 주거나 업무공간은 아니었습니다. 실제로 근대 이전의 시기에서 피라미드 건축처럼 엄청난 인력과 자원이 필요한 건설 토목 공사를 감당하려면 절대왕권이나 신의 권력에 기대지 않고서는 불가능했을 것입니다.

그림 1.3 이집트의 대 피라미드

중세 유럽의 고딕 성당

근대 이전의 서양에서 대표적인 고층건축 양식을 말하라면 쉽게 고딕 양식의 성당을 꼽을 것입니다. 고딕 성당들은 수직이라는 느낌과 높이를 강조하고 그를 부각시키기 위한 건축기법으로 유명합니다.

'고딕' 이라는 말은 르네상스(Renaissance) 시대에 고전 양식을 따르는 이탈리아 작가들이 사용한 용어입니다. 5세기경 로마제국과 그 문화를 파괴한 고트족(Goths)은 게르만(German)의 일파입니다. 이탈리아 사람들이 볼 때 그런 고트족의 후손들이 지은 중세 건축은 고전적인 아름다움이 없는 추한 작품이었고, 따라서 조금 낮춰 부르는 의미를 담아 고트족의 건축물, 즉 고딕 건축이라고 부르게 되었습니다. 실제로 고딕 양식은 고트족과 관련이 없지만 르네상스 시대 이탈리아인들은 서유럽을 뭉뚱그려 그렇게 불렀던 것 같습니다.

19세기가 되자 고딕 건축을 긍정적으로 다시 평가하려는 사람들이 생겼습니다. 오늘날의 학자들은 고딕 예술이 실제로는 고트족과 아무 관계가 없다는 사실을 잘 알지만 예술사를 연구할 때나 일상생활에서 고딕이라는 용어를 여전히 쓰고 있습니다.

그림 1.4 퀼른 성당

고딕 건축은 로마네스크(Romanesque) 건축에서 비롯되어 12세기 중반부터 지역에 따라 16세기말까지 지속되었는데, 초기 고딕-전성기 고딕-후기 고딕의 3단계로 분류합니다. 당시 중세 유럽을 지배했던 그리스도교의 신본주의, 즉 '신이 모든 것의 중심이 된다' 라고 믿는 사상은 고딕 양식을 만들어내는 데 큰 역할을 했습니다. 하늘 높은 곳에 있는 신의 권위를 상징하는 듯한 수직성을 강조하며, 교회를 지을 때 첨두(尖頭)형, 즉 꼭대기가 뾰족한 아치와 높은 탑, 첨탑 등을 주로 사용하였습니다. '하늘을 우러러 보는 종교적 자세' 를 건축적으로 구현한 것이라고 할 수 있습니다.

현대적인 건축 기술과 강한 자재가 없었던 중세 유럽에서 어떻게 고딕 교회처럼 높고 커다란 건축물을 지을 수 있었을까요? 고딕 건축은 무거운 돌로 만든 사이가 넓은 보울트(vault), 즉 아치 모양으로 천장을 지탱할 방법을 꾸준히 연구했던 중세 석공들의 노력 끝에 생겨났습니다. 무거운 돌로 만든 전통적인 원통형 보울트(barrel vault)나 교차 보울트(groin vault)는 아래쪽과 바깥쪽으로 엄청난 힘을 더합니다. 이 힘이 천장을 떠받친 벽들을 바깥쪽으로 밀어내어 결국은 그 힘 때문에 벽이 무너지는 일이 자주 발생했습니다.

건축물이 무너지지 않고 수직으로 높이 올라가기 위해서는 원통형 보울트가 바깥 방향으로 미는 힘을 견디기 위해 벽이 아주 두껍고 무거워져야 합니다. 중세 유럽의 석공들은 1120년경 여러 가지 뛰어난 기술혁신으로 이 어려운 문제를 해결했습니다. 먼저 리브(rib : 肋材)를 붙인 리브 보울트(ribbed vault)를 개발해 냈습니다. 아치형으로 깎은 길쭉한 돌을 가로 · 세로로 엮어 얇은 돌판으로 된 보울트를 지탱하게 한 것입니다. 이 기술로 천장의 무게와 바깥 방향으로 미는 힘이 크게 줄었습니다. 보울트의 무게가 보울트와 닿은 벽이 아니라 드문드문 떨어져 있는 여러 개의 점, 즉 리브로 쏠리기 때문에 두꺼운 벽 없이 띄엄띄엄 있는 수직 기둥(pier)만으로 리브를 지탱해도 건축물의 무게를 이길 수 있게 된 것입니다. 또한 원통형 보울트의 둥근 아치 대신 뾰족한 첨두아치(pointed arch)를 써서 아치 꼭대기에서 아래쪽으로 내려오는 힘을 여러 방향으로 분산시켰던 것도 고딕 성당을 높이 짓는 데 도움이 되었습니다.

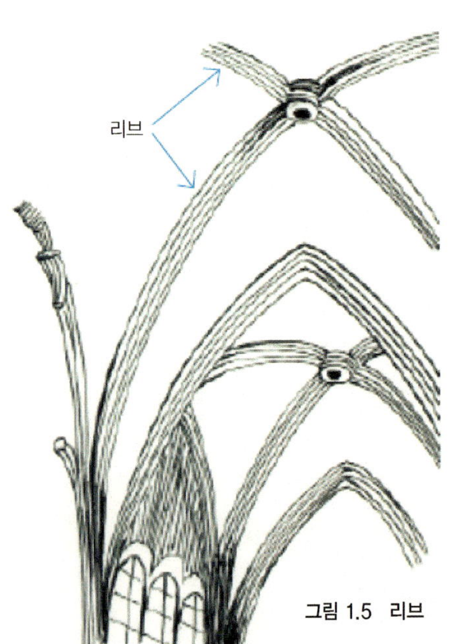

그림 1.5 리브

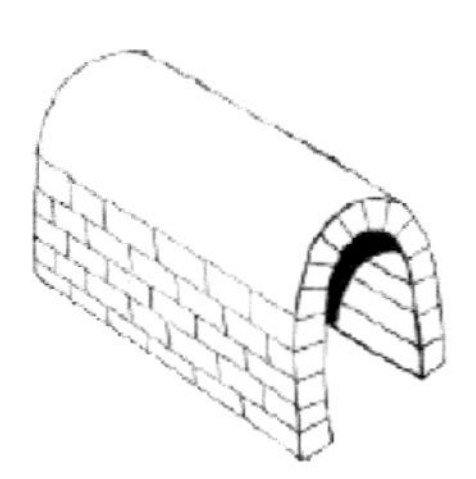
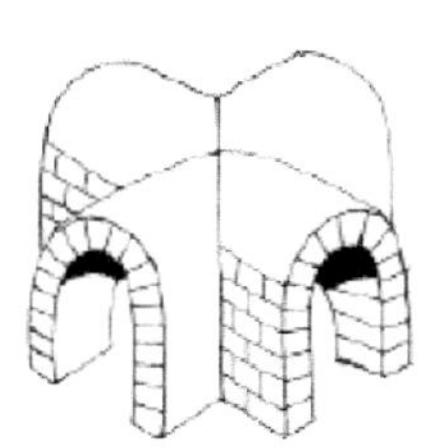
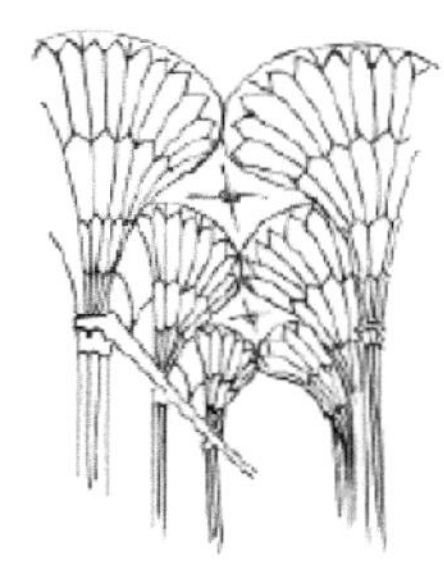
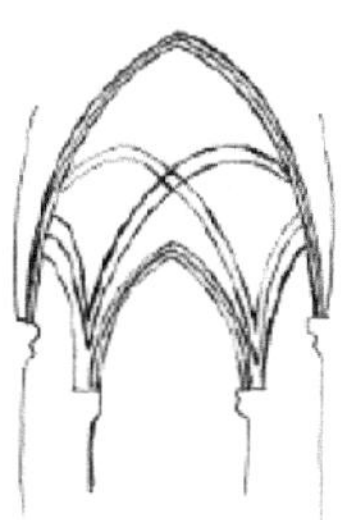

그림 1.6 원통형 궁륭, 교차 궁륭, 부채 궁륭, 늑재 궁륭(왼쪽부터)

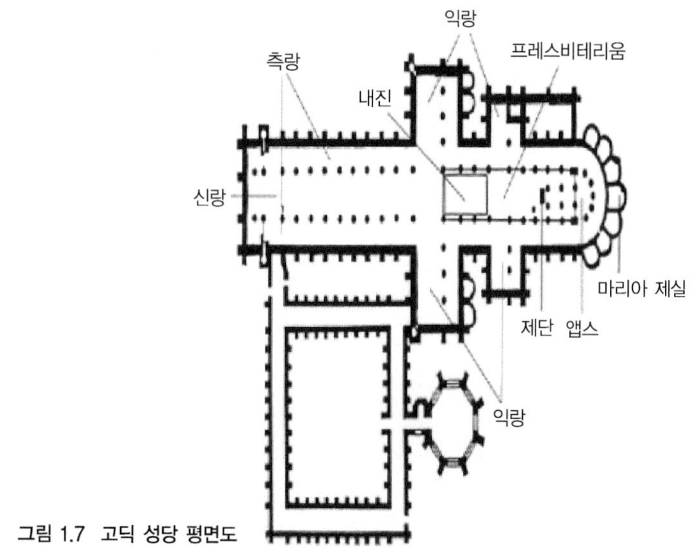

그림 1.7 고딕 성당 평면도

리브와 기둥이 결합하면서 기둥 사이에 있는 높은 벽들은 보울트를 떠받쳐야 하는 부담에서 벗어났습니다. 두꺼운 돌로 만들지 않아도 된 것입니다. 덕분에 이 벽들은 그 전보다 훨씬 얇아질 수 있었고, 벽을 터서 커다란 창문을 내거나 아름다운 유리를 끼울 수도 있었습니다. 오늘날 우리가 고딕 성당에서 아름다운 스테인드 글라스(stained glass) 창을 볼 수 있게 된 것은 이런 기술 덕분입니다.

고딕 성당이 지어지기 전, 로마네스크 시대의 종교 건축물들은 두텁고 무거운 건축이었습니다. 기술의 발달로 고딕 시대의 석공들은 로마네스크 시대 보다 훨씬 크고 높은 건축물을 지을 수 있었고 건축물 구조를 좀더 복잡하게 만들 수 있게 된 것입니다. 하늘을 찌를 듯 높고 첨탑과 아치가 발달했으며 벽이 얇고 커다란 창이 있는 고딕 성당, 그 안에서 중세 사람들은 신의 권위와 은총을 저절로 느낄 수 있었을 것 같습니다.

산업혁명과 에펠탑

현대적인 고층이나 초고층건축물은 산업혁명 이후, 즉 1850년대 이후에 세워지게 됩니다. 먼저 에펠탑(Eiffel Tower)을 살펴봅시다. 프랑스와 파리의 상징이 된 에펠탑은 사람이 살거나 일을 하는 건축물은 아닙니다. 전망대라고 할 수 있는 철골 구조의 에펠탑은 프랑스에서 열린 만국박람회를 기념하기 위하여 제작되었습니다.

1889년 프랑스의 다리건설 기술자인 에펠(Alexandre Gustave Eiffel, 1832~1923)이 7,300톤의 철골로 약 300m의 타워를 지었을 때, 당시 많은 프랑스인들이 거세게 반대하였다고 합니다. 파리 시내를 채우고 있는 역사가 오래된 건축물들과 이 탑이 서로 어울리지 않는다는 이유였죠. 에펠탑이 세계적으로 유명해진 오늘날까지도, 이 탑이 파리 시와 미적으로 어울리지 않는다고 말하는 사람이 있을 정도입니다.

그림 1.7 에펠탑

소설가 모파상(Guy de Maupassant)을 비롯한 당대 프랑스 예술가들의 비판에도 불구하고, 현재 에펠탑은 세계 사람들이 찾는 파리의 관광명소가 되었습니다. 3개 층의 전망대로 구성된 에펠탑에서는 위쪽으로 오르기 위해 엘리베이터를 이용합니다. 철강으로 건설한 에펠탑의 총 무게는 1만 톤, 이는 피라미드 1기 무게의 1/600에 불과한데, 근대 건축공학 기술과 철강 기술의 승리라고 볼 수 있겠습니다.

시카고의 화재와 마천루(摩天樓)의 등장

1871년 10월 8일 미국 시카고에서 일어난 대화재는 초고층건축물의 등장에 큰 역할을 했습니다. 화재와 건축이 무슨 관련이 있을지 궁금하게 생각하는 사람도 있을 것 같습니다.

대화재 당시 시카고의 건축물 1만 7,500동과 가옥 7만여 채가 불에 탔는데, 저녁 8시반 쯤에 시작된 불길이 강풍과 함께 순식간에 시가지로 번져나갔다고 합니다. 신흥 도시 시카고는 완전히 잿더미가 되었으며, 가장 피해가 컸던 시내 중심가는 돌로 지은 건축물 몇 채만 남긴 채 전소(全燒)되었습니다.

화재로 시민 300명이 사망하고 9만여 명의 이재민이 발생하였으며, 재산 피해는 당시 약 2.2억 달러에 이르는데 요즘 가치로 200억 달러를 훨씬 넘는 액수입니다. 1831년까지 시카고는 인구가 겨우 350명에 불과한 작은 곳이었으나, 서부가 개발되면서 삽시간에 인구 30만의 대도시가 되었습니다. 하지만 이런 40여 년의 발전은 화재로 하룻밤 만에 사라져버렸습니다. 어려운 상황이었지만 시카고 시민들은 절망하지 않았습니다. 당시의 첨단기술을 총동원하여 1개월 만에 주택 5,000채를 세웠으며, 불에 취약한 목재가 아닌 콘크리트와 철골을 이용하여 10~15층에 이르는 고층건축물을 세웠습니다. 화재 이전보다 더 높고 더 튼튼한 건축물을 세우고, 보도의 모든 목재도 콘크리트로 교체했습니다.

'마천루' 나 고층 빌딩들이 가득 들어선 도시라고 하면 많은 사람들이 미국 뉴욕시를 떠올리곤 합니다. 물론 뉴욕의 마천루는 세계적으로 유명하죠. 하지만 건축에 관심이 많은 사람이라면 마천루가 들어선 시카고를 높이 평가합니다. 실제로 마천루, 즉 '스카이스크레이퍼(skyscraper)' 라는 단어가 생겨난 곳도 시카고였습니다.

그림 1.9 시카고의 마천루

1880년대 초부터 1900년대 초까지 미국 시카고에서 활약한 건축가 그룹을 시카고파(Chicago School)라고 부릅니다. 그들이 건축한 건축물 역시 시카고파라는 이름으로 불리곤 하죠. 대화재 이후 시카고에는 새로운 도시를 건설하기 위해 건축사무소가 몰렸다고 합니다. 이들이 지은 고층의 상업 건축물들은 대부분 단순하면서 안정적인 철골구조를 이용했고, 외벽에는 넓은 유리창을 설치했습니다. 장식이 많았던 그 이전의 건축 양식과는 차이가 있었습니다.

철골을 이용해 구조를 만들고 외벽을 넓은 유리창으로 마감하면 건축물의 무게는 가벼워집니다. 무게에 부담을 주는 내력벽(耐力壁, 건축물에서 힘을 지탱하는 벽)이 필요 없어지기 때문입니다. 따라서 건축물 내부에서 사람들이 사용할 수 있는 용적(容積, volume) 공간이 넓어지며, 빛이 많이 들어오기 때문에 채광도 좋아지죠. 현대의 시각으로 보기에 이런 빌딩의 형태는 아주 당연하고 자연스럽습니다. 하지만 19세기 말, 20세기 초에 이런 시도들은 아주 새롭고 현대적으로 느껴졌습니다. 그래서인지, 시카고파가 즐겨 사용한 철골 구조와 넓은 유리창은 이후에 '시카고 구조'와 '시카고 창'이라는 별칭을 가지게 되었습니다.

시카고파는 초고층건축물의 역사에서 무척 중요한 역할을 했습니다. 당시 시카고에 새롭게 생겨난 건축사무소는 건축가와 건축기술자, 공학기술자 등이 함께 일하는 곳이 많았습니다. 이들이 서로 가까이 일하면서 공학과 건축의 사이가 가까워졌고, 건축물의 외형뿐 아니라 기능에 대한 고민도 본격적으로 시작되었습니다. '형태는 기능을 따른다'는 말도 현대에 와서 새롭게 등장했습니다.

시카고파의 창시자는 기술자 출신 건축가인 윌리엄 르 배런 제니(William Le Baron Jenny, 1832~1907)로 알려져 있습니다. 미국 마천루의 아버지로 평가 받는 그는 1885년 10층에 40m 높이인 홈인슈어런스(Home Insurance) 빌딩을 지으면서 처음 시카고 구조를 도입했습니다.

이후 많은 건축가들이 이런 구조와 형태를 따랐고, 그 덕분에 시카고는 짧은 시간 안에 재건될 수 있었습니다. 1889년에 지은 제니의 라이터 빌딩, 1889년 당크마르 애들러(Dankmar Adler)와 루이스 헨리 설리번(Louis Henry Sullivan)이 건축한 오라토리움 빌딩, 다니엘 허드슨 번햄(Daniel Hudson Burnham)과 존 웰본 루트(John Wellborn Root)가 설계한 1891년의 머내녹스 빌딩 등은 시카고파의 대표적인 고층 빌딩입니다. 한편 리로이 뷰핑톤은 강철을 이용한 많은 아이디어로 다양한 디테일을 개발하여 붉은 벽돌이나 석조로 지은 건축물보다 두 배 이상 높은 건축물을 지을 수 있었습니다.

근대의 초고층건축을 가능하게 해준 기술

1856년 영국의 베서머(Henry Bessemer, 1813~1898)는 선철(銑鐵, pig iron)을 녹여 강철을 대량으로 생산할 수 있는 전로(轉爐, Converter)를 개발하여, '무쇠의 시대'를 지나 '강철의 시대'를 열었습니다. 이후 철강의 아버지로 불리는 카네기(Andrew Carnegie, 1835~1919)에 의해 철강이 대량으로 공급되면서 철강 가격이 낮아졌습니다. 건축에서 더 쉽게 철강을 이용할 수 있게 되었고, 철골로 구조를 만들자 벽이 얇아지면서 용적 공간이 넓어진 고층 건축물이 등장했습니다.

고층 건축물이 세워지게 된 데에는 엘리베이터 기술의 역할도 빼놓을 수 없습니다. 18세기에 프랑스의 군주 루이 15세(Louis XV)가 연인이 남몰래 오갈 수 있도록 베르사유 궁전(Chateau de Versailles)에 최초의 엘리베이터를 설치했다고 합니다. 초기의 엘리베이터는 증기기관을 이용하여 5층까지 움직일 수 있었습니다만, 이후 개발된 수압식 엘리베이터는 10층까지 운행할 수 있었습니다. 하지만 이런 엘리베이터들은 운행 장비의 덩치가 컸고 고장도 잦아서 새로운 엘리베이터 기술이 필요해졌습니다. 다음으로 등장한 것이, 전기를 이용해 모터로 작동하는 엘리베이터였습니다.

그림 1.10 초창기 구식 엘리베이터

엘리베이터가 없는 건축물은 5~6층 정도의 높이가 한계로 인식됩니다. 건축물이 그 이상 높으면 사람들이 걸어서 오르내리거나 짐을 나르기가 힘이 들기 때문입니다. 10층 이상이 대부분인 요즘 아파트 건축물에서 가끔 엘리베이터가 고장나거나 정전이 되어 엘리베이터를 쓸 수 없으면 생활이 얼마나 불편해지는지 아마 많은 사람들이 경험했을 것입니다.

미국의 오티스(Elisha Graves Otis, 1811~1861)가 1852년에 안전한 엘리베이터를 개발했고, 1857년 뉴욕에 있는 호와웃 빌딩(The Haughwout Building)에 세계 최초의 승객용 엘리베이터가 시공되었습니다. 이런 엘리베이터가 가능해지기 위해, 그리고 초고층건축물의 여러 시설들을 설치하고 작동하게 만들기 위해 반드시 필요한 것이 전기입니다. 벤자민 프랭클린(Benjamin Franklin)이 번개와 전기의 방전이 동일하다는 사실을 증명한 이후, 1879년 에디슨(Thomas Alva Edison)이 백열전구를 발명했습니다. 20년이 지나 영국의 물리학자 톰슨(J. J. Thomson)이 전기의 성질을 규명했는데, 사람들이 전기를 생활에 활용하게 되면서 초고층건축물이 본격적으로 발전하게 되었다고 해도 과언이 아닐 것입니다.

세계적으로 유명한 초고층건축물

19세기 말부터 오늘날까지 세계 곳곳에 수없이 많은 초고층건축물이 들어섰습니다. 어떤 빌딩은 그 도시의 랜드마크(Landmark)로 자리잡고, 문화가 되었습니다. 또한 그 나라의 기술과 부를 상징하는 아이콘(icon)이 된 건축물도 있습니다.

뉴욕 맨해튼에 1931년 건축된 엠파이어스테이트 빌딩(Empire State Building)은 아마 세계에서 가장 유명한 초고층건축물일 것입니다. 102층에 381m의 높이를 자랑하는 이 건축물은 뉴욕을 상징하는 대표적인 건축물입니다.

준공 후 몇 년 되지 않은 1945년 7월 28일, B-25 폭격기가 안개 속에서 항로를 이탈하여 이 빌딩의 일부를 들이받아 화재가 일어났습니다. 다행히 화재는 40분만에 진화되었고, 자칫 대형사고로 번질 수 있었던 사고는 14명 사망이라는 피해로 끝났습니다. 그런 불운을 겪은 후에도 엠파이어스테이트 빌딩은 뉴욕을 찾는 수많은 여행자들의 필수 관광 코스가 되었고, 로맨틱한 영화의 배경으로도 여러 차례 등장합니다. 주인공 남녀가 이곳에서 만나자는 약속을 하기도 하고, 이곳에서 어긋나기

그림 1.11 엠파이어 스테이트 빌딩

도 합니다. 그런 배경 덕분에 엠파이어 스테이트 빌딩의 명성은 더 높아졌고, 건설 후 오랜 시간이 지난 오늘날까지도 많은 사람들의 사랑을 받고 있습니다.

1974년 완공된 시카고의 시어스 타워(Sears Tower, 현재 윌리스타워로 이름이 바뀜)는 110층, 443m로 1999년 말레이시아 페트로나스 타워(Petronas Twin Towers, 452m)가 등장하기까지 25년간 세계에서 가장 높은 빌딩이라는 자리를 누렸습니다. 엠파이어스테이트 빌딩과 더불어 미국을 상징하는 초고층건축물이라고 할 수 있습니다.

세계인들에게 가장 큰 충격을 준 초고층건축물은 역시 뉴욕의 세계무역센터(World Trade Center)일 것입니다. 110층 417m의 건축물로 1973년에 준공되었으며, 비행기 테러로 2001년 9월 11일 역사 속으로 사라졌습니다. 일본계 미국인 건축가 미노루 야마자키(Minoru Yamasaki)가 설계한 이 건축물이 테러로 붕괴되는 장면은 수많은 세계인들의 머릿속에 깊은 상처로 남아 있습니다. 경제대국이며 세계 최고의 선진국이라는 미국의 이미지를 상징하던 이 건축물이 테러로 무너지고, 세계적으로 초고층건축물에 대한 안전기준이 강화되었습니다.

세계무역센터 빌딩 붕괴 이후 테러에 의한 인명 피해를 최소화하기 위하여 초고층건축물 구조설계가 강화되었으며, 기둥이 하나 없어지더라도 상부의 하중을 일정 시간 동안 버틸 수 있는 설계를 요구하게 되었습니다. 또한, 건축물 수용 인원이 모두 대피하는 데 2시간이 넘지 않도록 계단의 폭과 개수를 어느 수준 이상으로 만들고, 피난용 엘리베이터를 반드시 설치하게 했으며, 초고층건축물 인허가를 받기 위해서는 입주민(入住民)들이 피난하는 데 필요한 시간을 컴퓨터 시뮬레이션으로 계산해서 설계에 반영하도록 하는 규정도 생겼습니다.

원래 세계무역센터가 있던 자리는 이제 '그라운드 제로(Ground Zero)'라는 이름으로 불립니다. 그곳에는 테러를 기억하는 그라운드 제로라는 기념공원과 네 개의 거대한 월드트레이드센터 빌딩이 새로 들어섰습니다. 이곳에 들어선 원 월드트레이드센터 빌딩은 104층 높이로, 미국이 독립선언을 발표한 해를 기념하여 1776피트, 즉 541m로 지어졌습니다. 현재로서는 시카고의 윌리스타워보다 높은 미국에서 가장 높은 초고층건축물입니다. 이 새로운 건축물에는 테러의 상처를 이겨낸 미국의 힘을 세계에 알리고자 하는 의도가 있지 않을까요? 현대의 초고층건축물은 이처럼 단순한 건축물이 아니라 그 나라와 사회의 여러 문화적인 상징으로 받아들여집니다.

그림 1.12 원월드트레이드센터

비서구 지역의 초고층건축물

유럽 지역은 원래 도시 규모가 대부분 크지 않고 오래된 역사적 건축과 도시환경을 보존하려는 성향이 강합니다. 따라서 20세기에 지어진 수많은 초고층건축물은 대부분 유럽 밖에 지어져 있는데 그 중에서 시카고 대화재 이후의 미국이 대표적이었습니다. 21세기가 되면서 초고층건축물이 많이 들어서고 있는 곳은 이제 미국이 아닌 아시아와 아랍 지역입니다. 신흥경제 강국으로 부상하고 있는 아시아의 여러 나라와 중국, 두바이 등에 새로운 초고층건축물들이 건축되고 있습니다.

말레이시아의 페트로나스 타워는 88층, 452m의 쌍둥이 빌딩입니다. 한국의 삼성물산과 극동건설이 오른쪽 건축물을 시공하고, 일본의 건설업체 가지마 건설 컨소시엄이 왼쪽 건축물을 시공하였습니다. 설계는 서울 광화문 교보빌딩을 설계했던 아르헨티나 출신 미국 건축가 시저 펠리(Cesar Pelli)가 담당했습니다. 이 건축물은 영화 〈인트랩먼트〉에 등장하면서 한층 더 유명해지기도 했습니다.

그림 1.13 페트로나스타워 쌍둥이 빌딩

타이완의 타이페이 101빌딩은 이름 그대로 101층 508m의 건축물인데 1999년 세계에서 가장 높은 건축물이 되었습니다. 타이완은 태풍이 지나가는 길목에 있어 초고층건축물을 지을 당시 바람에 흔들리는지가 문제되었습니다. 따라서 타이페이 101은 건설 당시 풍동(風洞, wind tunnel), 즉 바람에 얼마나 흔들리는지를 여러 차례의 실험으로 알아보고 구조를 보강하였으며, 최상층부에 거대한 쇳덩어리를 비치하여 바람에 의한 진동을 줄여주도록 했습니다.

이 건축물은 공사 도중 태풍이 지나가며 상단에 설치된 타워크레인이 무너지며 추락하는 사고가 발생했습니다. 당시 타이완에서 초고층건축물의 안전성이 사회적 이슈가 되기도 했습니다. 101 빌딩 상단부 내부에는 황금색의 강철공이 있습니다. 이는 바람이 부는 방향과 반대방향으로 움직이는 장치로, 건축물의 진동을 빨리 멈출 수 있도록 설계되었습니다.

오늘날의 마천루 도시라고 하면 아랍에미리트의 두바이를 떠올리게 됩니다. 2014년 현재 세계에서 가장 높은 건축물 역시 두바이의 '부르즈 할리파(Burj Khalifa, 160층, 828m)' 입니다. 2010년 1월에 준공되었는데 연면적 51만 9,000m 라는 어마어마한 규모에 총공사비 15억 달러라는 천문학적인 비용이 들어간 건축

그림 1.14 부르즈 할리파

물입니다. 석유 자원과 무역을 통해 막대한 부를 축적한 두바이는 교통과 금융이 발달한 도시입니다. 두바이의 발전된 경제 상황을 한눈에 보여주는 것이 바로 부르즈 할리파로 상징되는 초고층건축물들입니다.

미국의 SOM설계사에서 설계를 맡은 부르즈 할리파는 상층부로 올라가면서 건축물의 면적이 줄어들면서, 풍하중(風荷重, wind load), 즉 바람의 흔들림에 의한 부담을 줄이는 동시에 보기에도 아름답습니다. 한국의 삼성물산이 시공을 하였는데, 이 건축물의 건설을 계기로 말레이시아 페트로나스 타워 이래 모든 세계의 초고층 건축물을 한국에서 시공하는 기록이 수립되기도 했습니다.

콘크리트와 강재를 동시에 사용하여 건설된 부르즈 할리파는 이집트 피라미드의 5~6배를 넘는 높이를 자랑합니다. 하지만 이 건축물의 총무게는 54만 톤으로 피라미드 총 무게의 1/10 이하라고 하죠. 그만큼 현대의 공학과 기술의 발전이 놀라운 것입니다.

2012년 3월 현재 10대 세계 초고층건축물

초고층도시건축연합(CTBUH)에서 발표한 초고층건축물의 높이를 측정하는 기준을 보여준다. 건축물 최상부의 뾰족한 부분을 건축물의 최고 높이로 생각할 것인가, 사람이 살고 있는 높이까지를 계산할 것인가 등의 원칙에 따라 다양한 건축물들을 비교한다.

시카고의 시어스 타워(윌리스타워)는 옥상 위 뾰족한 부분이 안테나로 되어 있어 건축물의 높이 산정에 제외되어 세계 8위에 해당하며, 대만 타이페이 101의 경우 뾰족한 부분이 구조물로 되어 있어 건축물 높이에 산입되어 세계 2위의 건축물로 인정받는다. 현재 많은 초고층건축물이 경쟁적으로 높이를 증가시키고 있어 과거에는 오랜 기간 세계 1위의 건축물을 유지하였으나 지금은 수년 정도로 생명이 짧아지고 있다.

2014년 현재 두바이의 부르즈 할리파가 세계 최고높이의 건축물이지만 같은 나라인 아랍에미리트 수도인 아부다비에 킹덤타워(Kingdom Tower)가 높이 1,000m로 계획 중에 있어 몇 년 안에 최고높이의 건축물 순위는 바뀔 예정이다.

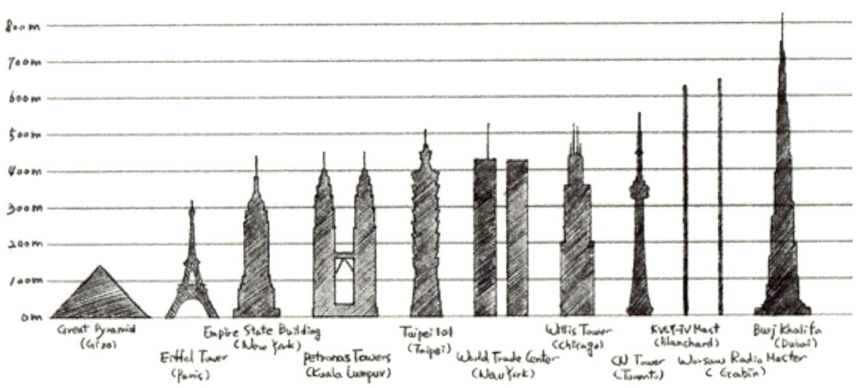

Chapter 2

초고층건축물에 대한 궁금증과 답변

Q & A로 알아보는 초고층건축물

한국은 초고층건축물을 설계하고 건설하는 데 필요한 기술이 높은 수준에 이르렀습니다. 또한 많은 연구진이 현재도 기술 발전을 위해 연구를 하고 있죠. 하지만 아직 우리 주위에서는 초고층건축물에 대한 수많은 편견과 걱정을 가진 사람들이 많습니다. 여기에서 초고층건축물을 연구하거나 건설하는 각 분야의 전문가들로부터 그런 걱정에 대해 속 시원한 대답을 들어보도록 할까요?

Q 왜 초고층건축물을 지어야 할까?

& A

한국 배우 배두나가 출연한 워쇼스키 남매 감독의 SF영화 〈클라우드 아틀라스〉가 있습니다. 그 속에는 바닥조차 제대로 보이지 않을 만큼 초고층건축물이 빽빽하게 밀집되어 있는 미래 도시의 모습이 나옵니다. 이러한 영화 속 도시 모습은 단순히 감독의 상상력이 만들어낸 산물이라고만 받아들여야 할까요? 미래를 그린 영화에 유독 초고층건축물이 많이 등장하는 이유는 무엇일까요?

현대 도시는 인구가 집중되면서 과밀화현상이 일어나고, 사람이 살 수 있는 땅이 부족해져 가고 있습니다. 이에 따라 도시의 땅값도 무척 비싸졌습니다. 오늘날 초고층건축물은 이런 문제를 해결하는 방법으로 등장하고 있습니다. 또한 초고층건축물은 그 도시의 관광명소가 되면서 도시의 랜드마크 역할도 하고 있죠. 국가의 건설기술과 경제력을 부각시키는 요소로도 받아들여집니다. 그래서 초고층건축물은 세계적으로 그 수요가 계속 증가하고 있습니다.

우리나라 역시 부산 해운대의 아이파크, 위브 더제니스 타워를 비롯하여 서울 여의도 국제금융센터, 현재 서울 잠실에 건설중인 롯데월드타워까지 많은 초고층건축물들이 도시를 채우고 있습니다. 이렇게 많은 건축물들이 들어서고 있는 데에는 그만큼 초고층건축물이 경제적 · 사회적으로 유리하다는 이유가 있는 것입니다.

≫ (주)창민우구조컨설턴트 대표이사 김종호

초고층건축물은 왜 유리로 외관을 마감한 경우가 많을까?

&A

초고층건축물은 건축물로서의 기능만 가지는 것이 아니라 도시의 이미지를 상징하는 역할도 합니다. 따라서 개성 있는 형태를 가져야 합니다. 건축물의 미적인 특성을 잘 표현할 수 있는 외관 디자인이 중요하지요.

유리로 건축물의 외관을 마무리하면 유리 특유의 투명성 때문에 건축물에 개방감이 생깁니다. 또한 요즘에는 다양한 색상과 기능을 갖춘 유리가 많이 생산되기 때문에 유리를 이용하면 건축물의 독특한 개성을 연출하기에 편하다는 장점도 있습니다.

≫ (주)창민우구조컨설턴트 대표이사 김종호

초고층건축물은 왜 특이한 비대칭 형태가 많을까?

&A

초고층건축물이 들어서던 초기에는 모더니즘 건축 스타일을 적용하는 경우가 많았습니다. 모더니즘 건축은 건축의 각 요소를 단순화해서 경제적으로 유리하다는 장점이 있습니다. 하지만 현재는 사회적으로 다른 건축물과 차별화되는 새로운 초고층건축물을 요구하는 사례가 많아졌습니다. 따라서 반듯한 정형적인 건축물이 아니라 자유로운 비정형 건축물이 많아지고 있습니다.

현대의 비정형 초고층건축물은 3T의 특징을 보여주는 건축물이 많습니다. 꼬여 있거나(Twisted), 끝이 가늘어지거나(Tapered) 기울어져 있는(Tilted) 것입니다.

이러한 비정형 초고층건축물은 뛰어난 조형미와 상징성을 보여줍니다. 또한 그 나라의 건설기술 수준을 표현하는 역할도 합니다. 그 나라의 예술과 문화적 수준을 끌어올리고, 그 도시에 첨단도시라는 이미지를 부여하기도 하지요. 앞으로 건축기술이 더욱 발달하면 상상력의 한계를 극복하는 자유로운 형상의 디자인을 현실로 구현할 수 있게 될 것입니다. 그렇게 되면 지금까지 없었던 자유로운 형태의 초고층건축물이 더욱 증가할 것으로 보입니다.

≫ (주)창민우구조컨설턴트 대표이사 김종호

초고층건축물은 구조가 부실하지 않을까?

초고층건축물은 가늘고 긴 막대기처럼 생긴 구조물입니다. 강한 바람 같은 수평 방향의 하중에 대해 약하지 않을까 하는 걱정이 생기는 것도 당연하죠. 하지만 실제로 초고층건축물은 합리적이고 효율적인 구조 시스템으로 건설되어 강한 바람에도 매우 튼실하게 버틸 수 있습니다.

최근 초고층건축물에 적용되는 구조 시스템은 대부분 이렇습니다. 우선 건축물 중앙에 사람의 척추와 같은 역할을 하는 코어 월(Core wall)이 있고, 그 주변에 일반 기둥보다 단면적이 매우 넓은 기둥, 즉 메가 기둥(Mega Column)들이 들어섭니다. 이러한 시스템 덕분에 초고층건축물은 쓰러지지 않고 중심을 잡을 수 있습니다.

뿐만 아니라 코어 월과 메가 기둥을 단단히 연결해주는 아웃리거(Outrigger) 시스템과 벨트 트러스(Belt truss) 시스템처럼 초고층건축물에 적합한 여러 구조 시스템이 적용되고 있습니다. 건축물을 짓기 전에 이 건축물에 작용할 가능성이 있는 여러 종류의 충격과 힘을 미리 예상하고 계산해서 사전에 충분한 구조적 안전을 확보하고 있으므로 안심해도 좋습니다.

≫ (주)창민우구조컨설턴트 대표이사 김종호

초고층건축물은 왜 창문의 형태가 보통 고층건축물이나 아파트와는 다를까?

건축물이 초고층이 되면 높은 층으로 올라갈수록 바람의 영향도 증가합니다. 그렇기 때문에 바람이 가하는 압력, 즉 풍압은 초고층 설계에서 중요한 설계기준이 되고 있습니다. 또한 초고층건축물에는 보통 조금만 열리는 작은 창문을 설치하는데, 이것도 바람 때문입니다.

30층 이상의 초고층아파트나 더 높은 주상복합건축물에 넓은 면적의 창문을 설치해서 그 창문을 연다면, 거센 바람으로 인해 창문 유리가 깨질 위험이 있고, 그 때문에 건축물 내부에 있는 사람의 안전에 큰 문제가 발생할 수 있습니다. 그렇기 때문에 초고층건축물의 창문은 일부가 열리는 방식의 작은 창호를 선택하는 것입니다.

≫ (주)창민우구조컨설턴트 대표이사 김종호

초고층건축물이 지반을 약화시킨다는 데 사실일까?

&A

초고층건축물 공사가 시작되기 전에 건축물이 들어설 지역의 지반에 대한 충분한 검토가 먼저 이루어집니다. 건축물을 짓기 전에 건축물을 지을 지반이 건축물의 하중을 충분히 버틸 수 있는지 지반조사를 통해 점검하는 것입니다.

지반이 건축물을 지탱하기에 충분할 만큼 지지력을 갖추고 있다 하더라도 공사를 하는 도중에 흙막이벽이 붕괴하는 등의 산업재해가 생길 수도 있습니다. 초고층건축물을 지을 때는 이런 가능성도 미리 계산해서 대비합니다. 지반을 강화하고 개량시키는 약액을 주입하거나 지하수로 인해 지반이 약해질 것을 방지하기 위해 지하수위를 낮추는 웰포인트공법 등을 사용함으로써 초고층건축물이 안전하게 지어질 수 있도록 하는 것입니다.

≫ (주)창민우구조컨설턴트 대표이사 김종호

혹시 초고층건축물이 무너지지 않을까?

&A

초고층건축물은 높이와 규모가 정말 큽니다. 그래서 많은 사람이 건축물의 안전이나 붕괴 가능성을 염려합니다. 하지만 초고층건축물에는 붕괴 방지와 안전성 확보를 위한 여러 대비책이 도입되고 있습니다.

우선 건축물 재료부터 초고층건축물의 무게를 견딜 수 있는 초고강도 콘크리트를 사용합니다. 강풍과 지진에 대해 잘 버틸 수 있는 '아웃리거' 나 '벨트 트러스' 같은 구조 시스템도 적용합니다. 외부에서 작용하는 힘에 대한 건축물의 진동을 저감시키기 위해 댐퍼라는 것을 설치하기도 합니다.

최근에는 초고층건축물 거주자들의 안전에 대한 불안감을 해소하기 위해 건축물 상태를 수시로 모니터링하며 체크할 수 있는 SHM(Structure Health Monitoring) 기술이 사용되고 있습니다. 또한 사고에 대비한 피난용 승강기, 특수 피난 구역 및 피난 시뮬레이션 등의 방재 시스템을 구축하여 만반의 재난 대비 대책도 갖춰져 있습니다. 위험하다고 생각되는 모든 요소를 미리 연구하여 기술적인 대비책을 마련하는 것이죠.

≫ (주)창민우구조컨설턴트 대표이사 김종호

아웃리거 시스템이란?

초고층건축물에서 바람이나 지진 같은 수평방향의 힘에 버티기 위해 만드는 구조 시스템. 코어와 외곽의 기둥들이 아웃리거로 연결되어 있어서 수평방향의 힘이 작용할 때 기둥들과 코어가 이 힘을 나눠서 부담하게 된다. 그 결과 코어에서 감당해야 하는 부담이 줄어든다.

벨트 트러스 시스템이란?

초고층건축물에서 외곽 기둥들을 벨트 트러스로 연결하고, 이 벨트 트러스와 코어를 아웃리거로 연결한다. 이 벨트 트러스가 코어가 받는 힘을 나눠 받게 된다.

댐퍼란?

초고층건축물에서 바람이나 태풍에 견디도록 하기 위해 설치하는 것이 댐퍼이다. 초고층건축물은 위로 올라갈수록 바람의 압력이 강해지고 건축물이 흔들리게 된다. 이때 건축물 내부에 거대한 추를 매달거나, 상층부에 무거운 구조물을 놓고 조금씩 움직이도록 스프링 등으로 이 구조물을 고정해둔다. 그 결과 건축물에 발생하는 작은 흔들림을 추나 구조물의 무게로 상쇄시켜 흡수한다. 이 구조물을 댐퍼라고 한다. 타이완에 있는 타이페이 101 빌딩에는 지름 6m에 무게 660톤의 거대한 강철 공이 설치되어 있다. 이 공은 92층에 설치된 4개의 로프에 매달려, 87~88층 부근까지 늘어져 있다. 이 댐퍼는 8개의 유압 범퍼로 고정되어 건축물의 진동을 흡수해서 줄여주는 역할을 한다.

초고층건축물은 환기와 냉난방을 어떻게 할까?

Q&A

일반 건축물과 달리 초고층건축물은 창문을 열기가 매우 어렵습니다. 대부분 구조가 커튼 월 방식으로 외벽을 구성했고, 바깥을 볼 수는 있지만 열리지 않는 유리창이 대부분이기 때문입니다. 이는 실내에 있는 사람의 안전을 보장하고 외부의 풍압에 저항하기 위해서입니다. 실내에서 사람이 열 수 있는 창문의 면적을 극히 제한적으로 설치하는 것이죠.

일반적인 중·저층 업무용 건축물이나 공동주택과 달리 초고층건축물은 자연환기가 거의 불가능한 상황입니다. 이러한 이유로 초고층건축물에서는 별도의 기계환기 장치를 설치하여 실외의 공기를 실내로 공급합니다. 초고층 주거 건축물에는 단위공간(세대)별로 독립된 개별 기계환기 장치가 설치되기도 하고, 업무용 건축물인 경우는 중앙집중형 환기장치가 설치되기도 합니다.

냉난방설비는 일반적으로 주거 건축물과 비주거 건축물에 적용되는 시스템이 다릅니다. 전통적으로 우리나라는 주거 건축물에 온돌난방을 사용했습니다. 초고층 주거 건축물도 마찬가지로 일반적인 온수온돌 바닥난방을 설치하곤 합니다. 또한 냉방의 경우는 주로 시스템 에어컨을 세대 단위로 설치합니다. 반면, 비주거건축물 특히 사무실에서는 주로 공조기와 팬코일 등을 이용한 대류방식의 중앙집중식 냉난방을 이용합니다.

초고층건축물에서는 건축물 용도에 따라 쾌적한 거주환경을 조성하기 위해 다양한 설비기술을 적용합니다. 그 때문에 에너지 사용은 기존 건축물에 비해 높게 나타나는 실정이었죠. 그러나 최근에는 초고층건축물의 에너지 사용을 줄이기 위해 단열과 밀폐성능이 향상된 커튼 월 시스템이나 자동 차양 장치, 전열 교환 환기장치, 저에너지 냉난방 설비 등이 다각도로 개발되어 보급됩니다. 초고층건축물에서 재실자가 환기나 냉난방 시스템을 사용하는 데는 아무런 문제가 없으면서도 에너지를 절감하는 방향으로 새로운 기술적 변화가 이뤄지고 있습니다.

≫ 이화여자대학교 건축공학과 교수 임재한

초고층건축물은 환경에 나쁘지 않을까?

&A

초고층건축물은 현대적인 디자인으로 도시의 상징물이 될 수 있습니다. 또한 초고층건축물의 인접 공간을 활용하여 녹지나 공원, 호수 등을 조성할 수도 있습니다. 과거에서 물려받은 문화유산이 많이 남아 있는 유럽의 일부 국가를 제외하고, 대부분 국가에서는 근대화 과정에서 점차 도시화가 진행되고 있습니다. 과거에 개발되지 않았던 지역까지 점차 도시화가 진행되면서 도로나 철도, 상하수도, 전기 등 사회기반시설이 확충되고 있으며, 국가나 지방자치단체의 관리도 더불어 이뤄집니다.

초고층건축물은 관광자원으로도 활용됩니다. 고층화를 통해 건축물이 차지하는 면적을 줄이고 자연녹지를 증대할 수도 있습니다. 초고층건축물이 건설되는 많은 도시에서, 이런 건축물이 환경에 미치는 부정적인 영향을 최소로 줄이기 위해 다양한 첨단기술을 적용합니다. 또한 정부와 관계기관에서도 그를 뒷받침할 수 있는 제도와 정책을 마련하여 실행하고 있습니다.

≫ 이화여자대학교 건축공학과 교수 임재한

초고층건축물에 수도나 전기는 어떻게 문제 없이 공급될까?

&A

초고층건축물에는 수도나 전기를 높게 공급하기 위해 일정한 높이마다 공조(공기 조절), 급배수, 전기, 통신, 엘리베이터 등의 장비와 기기가 설치되는 설비층을 둡니다. 즉 초고층건축물의 중간부나 최상부에 다른 층과 달리 설비가 설치되는 공간을 두는 것입니다.

이러한 설비에는 일반적으로 공조설비의 성능과 엘리베이터에 따라 공간배치가 결정되는 경우가 많습니다. 공조실이나 물탱크실, 전기실, 통신실, 엘리베이터 기계실 등이 모여서 설치되는 것이죠. 초고층건축물의 수도나 전기 등은 이러한 중간 설비층을 통해 건축물에 단계적으로 공급됩니다. 덕분에 거주자들은 불편 없이 안정적으로 수도나 전기, 냉난방 등을 사용할 수 있게 됩니다.

또한 초고층건축물의 중앙관제실에서는 수도, 전기, 냉난방, 소방 등 제반 설비의 운전 상황을 실시간으로 모니터링하여 거주자가 안전하고 쾌적하게 생활할 수 있도록 관리합니다.

≫ 이화여자대학교 건축공학과 교수 임재한

Q 초고층건축물은 바람이나 지진에 위험하지 않을까?

& A

2001년 9월 11일 미국 뉴욕의 110층짜리 세계무역센터 쌍둥이 빌딩이 무너진 911 테러에서 볼 수 있듯, 수많은 사람들이 거주하는 초고층건축물이 파괴된다면 전쟁과도 같은 재앙이 아닐 수 없습니다. 따라서 건축구조 공학자들은 첨단기술을 동원하여 초고층건축물을 안전하게 짓기 위하여 노력을 기울이고 있으며, 그 기술은 나날이 발전하고 있습니다.

초고층건축물의 형상은 긴 막대가 땅에 꽂힌 형태이기 때문에 다른 건축물과 비교할 때 지진이나 바람과 같은 수평방향의 횡하중에 취약할 수밖에 없습니다. 땅에 꽂힌 긴 막대를 옆으로 툭 치면 넘어지는 것을 상상해보세요. 이런 경우에 어떻게 대비해야 할까요? 막대 자체를 튼튼하게 만드는 것으로 충분할까요?

아무리 막대가 튼튼하다 해도 모래에 얕게 꽂혀 있는 막대는 넘어질 수밖에 없습니다. 이로부터 초고층건축물을 지을 때 가장 중요한 것은 건축물의 기초라는 것을 알 수 있습니다. 초고층건축물은 다른 건축물과 비교할 때 땅을 훨씬 깊게 판 후 암반 같은 단단한 지반에 꼭 연결되도록 설계합니다.

다행히 우리나라는 고층건축물을 건축하기에 좋은 천혜의 여건을 갖추고 있습니다. 미국 서부 지방의 경우 암반이 지하 200m에 있는 경우가 많죠. 반면 우리나라는 10여m만 파 들어가도 암반이 나오기 때문에 초고층건축물을 포함한 모든 건축물을 훨씬 안전하게 설계할 수 있습니다.

기초를 튼튼하게 한 후에는 그 다음으로 건축물 자체를 튼튼하게 만드는 작업을 합니다. 다시 땅에 꽂힌 막대 이야기로 돌아가볼까요? 막대의 수평방향에서 옆으로 칠 때 막대 자체가 부러지거나 과도하게 흔들리는 것을 막으려면 막대 자체도 단단하고 강해야 하겠죠. 초고층건축물은 우리나라에서 발생하리라 예상되는 가장 큰 지진과 바람에도 대비하여 안전하게 설계하고 있습니다. 100년마다 한 번씩 발생할 확률을 가지는 태풍과 2400년마다 한 번의 확률로 발생할 지진에도 안전하도록 설계하고 있기 때문에 평소의 지진과 바람에는 충분히 안전하다고 볼 수 있습니다.

≫ 단국대학교 건축공학과 교수 이상현

Q 초고층건축물은 흔들리지 않을까?

& A

가늘고 긴 형태의 갈대가 바람에 쉽게 흔들리듯, 갈대 같은 형상의 날씬하고 키가 큰 초고층건축물은 바람에 흔들릴 수밖에 없습니다. 특히 높이가 높을수록 바람의 세기가 증가하기 때문에 초고층건축물은 다른 건축물보다 바람에 더욱 불리하다고 할 수 있습니다.

이 때문에 공학자들은 어느 정도 초고층건축물이 흔들릴 때 위험한지, 아니면 위험하지는 않더라도 불쾌감을 느끼는지 등을 정밀한 실험과 해석을 통해 평가합니다. 위험과 관련된 기준을 안전성(Safety) 기준이라 하고, 불쾌감과 관련된 기준을 사용성(Serviceability) 기준이라 하는데 초고층건축물은 이 둘을 모두 만족하도록 설계합니다. 바람 등의 외부 요인 때문에 물리적으로 흔들리는 것을 완전히 막을 수는 없지만 그 흔들림이 일정 크기 이하가 되도록 조절하는 것입니다.

안전성 기준에서 초고층건축물은 위치한 지역에서 발생할 수 있는 가장 큰 지진과 바람 하중에 대하여 건축에 사용한 재료가 파괴되지 않도록 하고 있으며, 사용성 기준에서는 비교적 자주 불어오는 바람에 대하여도 흔들리는 크기가 건축물 높이의 500분의 1이 되고, 발생하는 가속도는 사람이 인지할 수 있는 수준 이하가 되도록 규정하고 있습니다. 초고층건축물은 이 두 가지 기준을 모두 만족시키기 때문에 사람들에게 안전하고 쾌적한 거주 및 근무환경을 제공한다고 할 수 있습니다.

≫ 단국대학교 건축공학과 교수 이상현

높은 건축물을 지을 때 타워크레인 같은 장비들을 어떻게 높이 올릴 수 있을까?

Q & A

일반 아파트 공사에 사용되는 타워크레인(T/C)은 건축물 높이에 맞춰 땅바닥에 지탱되어 있는 몸통(크레인의 마스트) 길이를 스스로 늘릴 수 있는데 이러한 방식을 텔레스코핑이라고 부릅니다. 텔레스코프는 망원경이라는 의미이죠. 그러니까 타워크레인은 마치 망원경처럼 스스로 늘어날 수 있다는 것입니다.

이 방식은 마치 레고 블록쌓기 방식과도 비슷합니다. 먼저 타워크레인 운전석 바로 아래에 붙어 있는 마스트 가이드라는 장비를 통해 새로운 마스트를 넣을 만한 공간이 확보될 때까지 운전석을 위로 들어올립니다. 그 다음에는 와이어를 통해 스스로 마스트를 지상에서 들어올려 마스트 가이드 앞쪽까지 이동시킨 후, 작업자들의 도움을 받아 가이드 안쪽으로 이동시켜 볼트로 고정시킵니다.

반면, 초고층건축물 공사에서는 건축물의 척추 역할을 하는 코어(엘리베이터가 설치될 공간)에 타워 크레인을 설치한 후 건축물이 높아질 때마다 대형 유압장치를 통해 타워크레인 전체를 올립니다. 이는 마치 애벌레가 기어가는 것과 비슷한 방식이라고 볼 수 있는데, 애벌레가 몸을 구부렸다 펴는 동작을 통해 추진력을 얻듯이 대형 유압 장치가 줄어들었다 늘었다 하는 과정을 통해 힘을 얻어 장비를 높이 올릴 수 있습니다. 이 과정이 끝나면 앵커(고정 장치)를 활용하여 크레인을 건축물에 완전히 부착하여 추락하거나 떨어지지 않도록 단단히 고정시킵니다.

≫ 고려대학교 건축사회환경공학부 강경인 교수

초고층건축물은 화재에 어떻게 대비하고 있을까?

Q & A

최첨단 건축기술이 집약된 초고층건축물은 현대 도시문명의 상징이지만 화재에는 매우 취약하다고 할 수 있습니다. 특히 스프링클러가 제때에 작동하지 않아 초기 진화에 실패하면 엘리베이터 통로와 계단, 유리벽은 거대한 불쏘시개가 되어 건축물 전체를 화염에 휩싸이게 만들 수 있습니다. 빠르게 퍼져나가는 불길이 사람들의 발목을 잡고, 철골구조물은 열에 견디지 못하고 엿가락처럼 휘어져 빌딩이 무너지는 것은 시간문제라고 할 수 있습니다.

초고층건축물에 이렇게 위험한 화재가 발생했을 때 사람들을 안전하게 대피시키기 위한 장치가 '무지향성 댐퍼' 입니다. 사람들이 계단으로 대피했을 때 이 장치는 연기나 불길이 피난 계단 안으로 들어오지 못하게 바람을 뿜어줍니다. 댐퍼는 현재 고층건축물의 비상구 등에 쓰입니다. 하지만 기존의 댐퍼는 비상문 쪽으로 바람을 균일하게 내보내지 못해 기압이 낮은 쪽을 통해 불길이 들어갈 우려가 있었습니다.

한국건설기술연구원에서는 이를 극복하기 위해 '무지향성 댐퍼' 를 개발했습니다. 이 장치를 이용하면 기존과 달리 바람이 전 방향으로 퍼지기 때문에 불길이나 연기가 침투하기 힘들어집니다.

불이 나면 보통 엘리베이터를 사용하지 않는 것이 상식입니다. 하지만 엘리베이터 통로에 댐퍼를 설치하면 통로를 통해 불길이 번지는 굴뚝 효과를 막을 수 있죠. 엘리베이터를 정상적으로 가동시키고 대피로로 활용할 수 있다는 말이 됩니다. 소방차의 구조사다리가 도달할 수 있는 높이는 대략 30m(약 16층 높이)인데, 이보다 높은 건축물에 피난 엘리베이터가 없다면 건축물 내에 있는 사람들은 수십 층을 걸어서 대피할 수밖에 없습니다. 그러나 만약 댐퍼 같은 제연 시스템을 설치하면 엘리베이터를 대피 수단으로 쓸 수 있게 됩니다.

≫ 대림산업 배상환 차장

Q 초고층건축물의 화재 때 콘크리트가 폭발하지 않을까?

& A

초고층건축물에는 무게와 부피를 줄이기 위해 시멘트와 모래 등이 고밀도로 섞인 고강도콘크리트를 씁니다. 그런데 화재가 나면 콘크리트가 뜨거워지면서 그 속에 포함된 수분이 한꺼번에 터져 나오는 '폭렬현상' 이 생기게 됩니다. 이를 막기 위해서는 콘크리트 외벽에 뜨거운 열을 막는 '내화피복' 을 입히는 작업을 별도로 해야 합니다.

한국건설기술연구원과 한화건설에서는 콘크리트 타설과 내화피복 작업을 동시에 할 수 있는 기술을 개발했습니다. 콘크리트 모양을 만드는 거푸집을 내화재료로 만든 후, 콘크리트가 굳은 후에도 이 거푸집을 제거하지 않고 그대로 내화피복으로 쓰는 것입니다. 한화건설에서는 지난해 인천 남동구 에코메트로 주상복합건축물 건설현장에 이 시스템을 적용하기도 했습니다.

≫ 한화건설 김정수 부장

초고층건축물에 불이 나면 어디로 피해야 할까?

불이 났을 때 소방차가 도착해 건축물 내 인명을 구조할 때까지 걸리는 시간은 평균 17분이라고 합니다. 보통 불이 나면 화재로 인해 발생하는 유독가스 때문에 질식해서 변을 당하기 쉽습니다. 구조가 이뤄지는 초기 30분 이상 유독가스를 피할 수 있다면 화재가 나도 무사히 구조될 가능성이 높아진다고 할 수 있겠죠.

얼마 전부터는 사람들이 쉽게 찾을 수 있는 화장실을 대피공간으로 활용하려는 연구가 한창입니다. 화장실은 출입문을 제외하면 모든 벽면이 불에 타지 않는 불연재료로 되어 있고, 또한 수돗물이 공급되기 때문에 화염을 막을 수 있는 장점도 있습니다. 공기를 밖으로 빼내는 화장실 환풍기를 거꾸로 돌려 바깥의 신선한 공기를 안으로 공급할 수 있게만 된다면 화재가 발생했을 때 그 속에서 1~3시간을 버틸 수 있습니다.

한국건설기술연구원은 화재에 취약한 화장실 문 표면에만 물을 뿌릴 수 있도록 한 '수분무' 설치 기술을 개발했습니다. 화장실 문에 물을 뿌리면 물이 문틀과 문틈을 덮어 연기가 들어오는 것도 막을 수 있습니다. 이와 함께 불이 잘 붙지 않는 강화 플라스틱을 화장실 문으로 사용하는 것도 좋은 방법이라고 할 수 있습니다. 건설기술연구소가 최근 개발한 불연 강화 플라스틱 문은 무게가 25kg 이하로, 노약자나 어린이도 쉽게 여닫을 수 있고 750℃ 온도에서 최장 1시간까지 버티는 장점이 있습니다.

초고층빌딩은 30층마다 1개 층을 피난안전구역으로 지정해 통째로 비워 놓도록 하고 있습니다. 하지만 현실에서는 경제적인 이유로 그렇게 하기가 쉽지 않습니다.

반면, 화장실은 생활공간과 가깝고 이미 있는 설비들을 쓸 수도 있기 때문에 피난 안전구역 일부를 대체할 수 있을 것입니다.

≫ 한국건설기술연구원 신현준 전문연구위원

Q. 초고층건축물은 콘크리트가 일반 고층건축물과 다를까?

& A

초고층건축물에 사용되는 콘크리트는 일반 고층건축물에 사용되는 콘크리트와 대비했을 때 압축강도와 내화성능, 압송성이 우수합니다. 즉 매우 단단하고 불에 잘 견딘다는 이야기입니다.

초고층건축물은 낮은 층에서 기둥 단면적이 매우 큽니다. 낮은 층이 높은 층보다 하중을 많이 받게 되기 때문입니다. 그러나 기둥의 단면적이 커지면 사용 가능한 공간이 줄어들게 되어 비효율적입니다. 기둥 단면적을 줄이게 되면 사용할 수 있는 공간이 넓어지게 되어 효율적이 되죠. 이를 위해 사용되는 것이 초고강도 콘크리트이며 콘크리트의 압축강도가 높아질수록 동일 하중을 받는 단면적이 줄어들게 되어 사용 공간을 극대화할 수 있습니다.

또한 초고층구조물은 화재에 대비하여 콘크리트를 만들 때 섬유를 넣어 폭렬을 방지하는 여러 공법을 사용합니다. 그 중 하나가 콘크리트 내부에 있는 수분이 외부로 빠져 나오도록 유도하기 위하여 PP(폴리프로필렌) 섬유를 사용하는 방법입니다. 100MPa 이상의 초고강도 콘크리트에는 화재가 발생했을 때 기존 콘크리트보다 안전하도록 기존 PP섬유의 비율을 줄이고 대신 녹는점이 다른 나일론 섬유와 강섬유를 혼입하여 불에 더 잘 견디도록 했습니다.

한편, 일반 건축물에 사용되는 콘크리트와 초고층빌딩에 사용되는 콘크리트의 큰 차이점은 유동성에 있습니다. 말 그대로 콘크리트를 얼마나 더 멀리, 더 편리하게 이동시킬 수 있느냐입니다. 초고층건축물은 수직 200m 이상 높이까지 펌프를 이용해 콘크리트를 압송해야 하므로 압축강도를 유지하면서도 유동성이 높은 콘크리트가 필요해집니다.

압송성은 콘크리트의 유동성에 따라 결정됩니다. 콘크리트는 펌프와 배관을 통

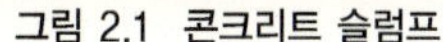
그림 2.1 콘크리트 슬럼프

그림 2.2 콘크리트 플로우

해 설치됩니다. 따라서 유동성이 없으면 곤란합니다. 유동성은 크게 2가지로 구분되는데, 슬럼프(그림 2.1 참조)와 플로우(그림 2.2 참조)로 구분할 수 있습니다. 슬럼프 콘크리트는 건축물에 저층부에 주로 사용되며 플로우 콘크리트는 고층부에 많이 사용됩니다.

≫ 삼성물산(주)기술개발실 기술개발팀장 이승훈 팀장

Chapter 3

한국의 초고층 건축기술 어디까지 왔나

초고층건축의 동향과 기술 수준

우리나라 건설 회사의 기술로 2009년 10월 완공되어 2010년 1월에 개장된 두바이의 부르즈 칼리파가 세워진 지 벌써 몇 해가 지났습니다. 그 이후 서아시아와 동아시아, 동남아시아 등에서 초고층건축물에 대한 수요가 늘고 있는 실정입니다. 초고층건축은 건축 및 건설과 관련된 각 분야의 첨단기술이 모여서 만들어내는 결과물입니다. 관련업계에서 가장 뛰어난 기술의 수준을 한눈에 볼 수 있는 자리이기도 합니다.

이런 초고층건축에서 한국의 기술은 어디까지 와 있을까요? 사실 부르즈 칼리파를 한국 기업이 주관해서 건설한 것은 맞는 이야기지만, 실제로는 종합건설업자(general contractor)의 자격으로 참여했다고 해야 정확합니다.

이런 대형 건축 프로젝트에서 수익을 창출하려면 건축 건설에 쓰이는 주요한 기술을 보유하고 있어야 합니다. 그러나 한국은 기술을 가진, '하부 핵심기술업체(sub contractor)' 역할은 미미한 실정입니다. 초고층건축 사업에 참여하면서도 불행하게도 경제적으로는 큰 이익을 거두지 못하는 것입니다. 쉽게 말해 한국은 건설업체로 참가하여 고생스러운 과정은 다 겪지만, 핵심기술을 가진 외국 기업들이 더 큰 돈을 번다는 말이 될 것입니다.

다행히 한국 정부는 2006년 5월부터 초고층건축기술 연구 및 개발을 10대 건설 · 교통(VC-10) 로드맵의 하나로 선정했습니다. 그에 따라 초고층건축 건설기술 사업단이 발족되어 2009년 8월부터 연구를 시작했습니다. 이 연구는 2차와 3차 연도로 이어졌고, 2011년에는 사업단이 초고층빌딩 설계와 시공기술 연구단으로 바뀌었습니다. 이 두 연구단은 초고층건축과 관련된 핵심 기술을 확보하기 위해 연구에 전력을 기울이고 있습니다. 2014년 현재 5차년도 연구를 진행하면서, 개발 기술의 파일럿 테스트와 실용화에 주력하고 있는 상황이죠. 그럼 2014년 현재 초고층 건축기술에서 세계적 수준과 한국의 수준이 어디까지 이르렀는지 한번 살펴보면 어떨까요?

한국의 초고층건축물 건설

한국에서 본격적으로 초고층건축물이 등장한 것은 1985년 서울 여의도의 63빌딩부터라고 할 수 있습니다. 이전에도 20~30층 규모의 업무용 빌딩이나 고층 아파트는 있었습니다.

1971년 완공되어 63빌딩 이전까지 한국에서 가장 높은 건축물이던 서울 종로구 관철동의 31빌딩, 최근 드라마 〈미생〉의 인기와 함께 재조명된 서울역 앞 대우빌딩(1977년 준공된 25층 규모) 등이 유명하죠. 63빌딩이 준공된 지 2년 후인 1987년 완공된 여의도 LG트윈타워(쌍둥이빌딩)도 34층 규모로 한동안 여의도의 랜드마크 역할을 해왔습니다.

1990년대에 조금 뜸했던 한국의 초고층건축물이 비약적으로 늘어난 것은 지난 10년 동안이라고 할 수 있습니다. 서울 강남구 도곡동에 타워팰리스와 하이페리온 등의 초고층 주상복합 건축물이 들어서면서 경기도 동탄 및 광교 신도시, 송도 국제업무지구, 부산 해운대 신도시 지구, 서울 잠실의 제2롯데월드 등 수많은 초고층 건축물들이 빠른 속도로 완성되어 실용화된 것입니다. 용산 국제업무지구 개발이 무산되는 등의 변수도 있었으나 초고층건축물을 빼고 21세기의 한국 건축 · 건설업계를 생각하기는 어렵습니다.

부르즈 칼리파, 타이페이 101, 싱가포르 마리나베이샌즈 등의 초고층건축물 건설에 한국 기업들이 참가했지만, 높은 수익을 올릴 수 있는 핵심 엔지니어링 기술은 대부분 외국 회사에서 담당했다는 이야기는 앞에서도 했습니다. 게다가 국내에서 건설되는 초고층건축물 프로젝트에서조차 건당 300억(원)~600억(원) 정도의 용역비를 해외 엔지니어링업체에 지불하고 있는 실정입니다. 미국 · 영국 · 일본 등 세계 건설시장을 선도하는 나라들이 엔지니어링 분야에서 높은 수익을 올리는 반면, 단순 시공 분야에서는 저임금을 앞세운 중국 등 제3국이 한국을 추격하며 경쟁하고 있습니다. 따라서 한국 건설산업이 국내뿐 아니라 세계 시장에서 살아남아 기술을 선도하기 위해서는 수익성이 높은 엔지니어링 분야로 전환하는 일이 반드시 필요합니다.

이 분야의 거대 다국적 기업들은 대부분 '설계 엔지니어링' 기업 형태를 취하고 있습니다. 설계와 공학을 함께 결합한 것이죠. 이들은 독립적인 개개의 기술을 융합한 패키지 기술로 세계 시장을 점유하고 있습니다. 건설 분야의 설계기술만이 아니라 IT, 기계, 전자 등의 첨단기술이 접목된 기술을 가지고 있는 것입니다.

얼마 전 대한건축학회에서는 1년 간에 걸쳐 초고층건축물 연구진과 관련 기술 전문가 등을 대상으로 면담과 심층조사를 거쳐 세계와 한국의 초고층건축물 관련 기술 수준에 대해 연구하였습니다. 즉 한국의 초고층건축 기술이 세계와 비교해서 어느 수준에 이르렀는지를 조사한 것입니다. 국내에서 초고층건축을 기획 · 개발 · 시공한 바 있는 여러 기관 관계자들과 직접 면담도 하고, 국외의 기업들은 현지답사를 통해 기술 수준을 조사했습니다.

초고층건축의 미래 동향은?

현재 한국의 40층 이상 초고층 주거 건축물의 수는 중국 · 미국 · 아랍에미리트에 이어 세계 4위 수준에 도달했습니다. 전 세계 100대 주거용 건축물 중 9동이 국내에 있어 이 분야에서는 세계 3위의 수준입니다. 2014년 가을 현재 국내에서 100층 이상으로 계획중이거나 건설중인 초고층건축물은 총 9건이 있고, 50~100층 규모의 건축물은 18건입니다. 국외에서 2014년까지 200m 이상 높이에 해당하는 건축물들은 총 88개 프로젝트가 완료되어 있다고 합니다. 최근 초고층건축물의 완공 비율이 증가하는 추세인데, 전문가들은 향후 약 10년 동안 이러한 추세가 지속될 것으로 예측하고 있습니다.

2014년까지 완공 예정인 세계 초고층건축물은 총 1,405동 규모로, 현재까지 초고층건축물의 건설은 지속적으로 성장 추세를 보여줍니다. 이 가운데에서 아시아 및 중동 지역의 건축물이 82%인 사실에서, 초고층건축 시장을 아시아와 중동이 주도하고 있음을 알 수 있습니다. 대한건축학회의 조사에 따르면, 건설 관련 전문가들은 국내 초고층 복합빌딩 시장은 향후 2019년까지 현재 수준을 유지할 것이고, 2024년까지는 시장이 계속 성장할 것이라는 예측을 내놓았습니다. 이 조사에서도 역시, 국외 초고층건축물 건설의 경우 중국의 성장세를 가장 긍정적으로 본다는 결과가 나왔습니다. 반면 남미/아프리카/미국 및 유럽 지역의 경우는 앞으로 초고층건축물이 들어설 가능성이 상대적으로 낮을 것 같다는 분석 결과가 나왔습니다.

조사에 응한 전문가들은 앞으로 한국이 초고층 빌딩 건설에서 경쟁력을 가지기 위해서는 기술 자립화를 이루는 것이 가장 중요하다고 꼽았습니다. 그 다음으로는 경제성 및 효율성, 안정성, 지속성 등을 확보해야 한다고 합니다.

현재까지 초고층건축과 관련된 대부분의 분야에서 최고의 기술 수준을 보유한 나라는 미국입니다. 다행스러운 것은, 한국과 이런 기술 선진국과의 차이가 점점 줄어들고 있다는 사실입니다. 한국에서는 21세기에 들어 초고층건축물 건설에서 많은 발전이 있었고, 수많은 연구진들이 관련 기술을 개발하기 위해 노력해왔습니다. 물론 정부의 초고층건설 사업단 설립을 비롯한 지원도 여기에 많은 힘을 더했습니다. 지난 5년간의 이런 연구 개발 결과 선진 기술을 가진 나라와의 기술 격차가 줄어든 것입니다. 연구 개발 이전에는 여러 부문의 기술 격차가 최대 9.2년에 달했으나, 현재는 대부분의 분야에서 2~3년으로 줄었습니다. 한국은 수많은 기술 분야에서 이런 열띤 노력으로 선진국의 기술 수준을 따라잡았습니다. 지금 같은 추세라면 초고층건설 분야에서도 한국의 수준이 머지않아 세계 최고에 이를 것으로 보입니다.

초고층건축 기술은 단순하지 않다

초고층건축 건설 분야는 일반 건축기술과는 다릅니다. 기존의 건축기술에 더하여 IT · 환경 · 유지 · 도시계획 등 여러 분야의 기술이 결합되어야 하며, 이 모든 기술이 가장 높은 수준으로 발휘되어야 합니다.

초고층건축물은 규모가 엄청납니다. 따라서 설계를 중심으로 관련된 수많은 기술들과 인력들이 어떻게 잘 통합되는지에 따라 건설의 성패가 좌우됩니다. 여기에 관련되는 기술 분야가 워낙 다양하고 복잡하기 때문에 기존의 건축 설계 및 건설 프로세스로는 관련 기술을 집약하는 데 역부족이라고 할 수 있습니다. 처음부터 설계 기술의 통합을 위한 제도적 밑받침이 필요한 것은 그래서입니다. 예를 들어 구조나 설비 분야의 기술자들이 건설 과정에서 건축설계자와 동등하게 아이디어를 내놓고 그 아이디어가 반영될 수 있어야 제대로 된 설계와 건축이 가능하다는 말입니다. 각 분야의 전문 기술자들에게 책임과 권한을 부여하고, 설계 관리(design management)라는 통합 설계영역을 만들어 전체 설계기술을 통합하여 운영할 필요가 있습니다.

초고층건축물의 엔지니어링(engineering) 설계에서는 연구보다는 실무를 통한 노하우와 경험이 중요합니다. 실제로 초고층건축 프로젝트에서 엔지니어링 설계 분야의 파트너를 선택할 때 실무 경험을 중요하게 따지는 것을 볼 수 있습니다. 초고층건축물은 외부 디자인과 구조 엔지니어링 설계를 분리해서 생각할 수 없습니다. 구조에 따라 외부 디자인이 변경될 수도 있고, 아무리 아름다운 외부 디자인이라도 구조가 받쳐주지 않으면 현실화될 수 없기 때문입니다.

예를 들어 진동을 제어하는 기술을 어떻게 설계에 적용할지, 커튼 월 공법이 어떻게 빌딩의 외관을 바꾸는 데 기여할 수 있는지를 생각해봅시다. 건축물의 하중을 받는 부분을 어디에 두느냐에 따라 외부의 디자인이 극적으로 바뀔 수 있지 않을까요?

초고층건축 프로젝트에는 수없이 많은 관련 기술이 필요합니다. 이 모든 분야에서 한국이 1위를 차지하기란 현실적으로 불가능할 것 같습니다. 어느 특정한 분야에서 한두 개의 첨단기술이 발전된다면 해외에서 한국의 이 기술을 필요로 하게 됩니다. 그때 우리가 여러 다른 분야의 설계를 묶어 진출하는 것도 좋은 방법일 것입니다.

커튼 월이란?

기존 건축물의 고전적인 외피는 석재나 타일 등 중량감 있는 구조로 시공하는 것이 일반적이었다. 현대에 들어 철강, 콘크리트, 유리를 사용하는 건축이 보급되는 과정에서 커튼 월(curtain wall)이라고 하는 벽과 창을 일체로 만든 외벽 패널이 개발되었다. 커튼 월은 공장 생산 부재로, 건축물의 비내력(no-load bearing) 외벽이라고 정의할 수 있으며, 외벽에 설치되는 유닛화(unit)된 벽체를 통칭한다. 초기에는 벽돌 블록이나 금속 프레임으로 벽을 구성한 후 창호를 끼우는 형식의 커튼 월이 주류를 이루었다.

국내에는 1977년 하얏트 호텔, 1983년 힐튼호텔, (구)대한생명 사옥(63빌딩) 등에 커튼 월이 적용되었으며, 특히 (구)대한생명 사옥은 국내 유닛 커튼 월의 효시이다. 근래에는 건축재료의 발달로 인해 알루미늄, 유리, 스테인리스 스틸 등의 재료를 이용한 다양한 종류의 커튼 월이 개발되어, 초고층건축물 외벽의 대부분을 통기성 외피(ventilated wall), 이중외피(double-skin façade) 등 기능성 커튼 월로 마감하고 있는 추세이다. 통기성 외피는 외피 사이에 통기층을 두어서 기류의 흐름을 이용하여 외피 부하를 저감하는 형태이고, 이중외피는 외피를 두 겹으로 구성하여 통기층을 형성하고 그 사이에 블라인드를 설치하여 일조와 채광까지 조절이 가능한 더욱 진화된 형태의 기능성 커튼 월이다.

1. 커튼 월의 구성방식에 따른 종류

커튼 월의 종류를 구분하는 가장 일반적인 기준은 커튼 월을 벽에 어떻게 설치하는가 등 커튼 월의 구성방식에 의한 것이다. 커튼 월은 구성방식에 따라 멀리온방식, 패널방식, 스팬드럴방식으로 구분할 수 있다.

1) 멀리온방식

멀리온방식은 가장 대표적인 커튼 월 형태로서, 멀리온(mullion)이라고 하는 부재를 위아래층 바닥(또는 보) 사이에 걸치고, 여기에 유리나 스팬드럴 패널을 끼워넣는 방식이다.

2) 패널방식

멀리온방식과 더불어 대표적인 커튼 월 구성방식으로, 위아래층 바닥(또는 보)에 패스너를 설치하고, 여기에 일체형 커튼 월 패널을 부착하는 방식이다.

3) 스팬드럴방식

보의 전면과 벽의 하부에만 패널을 설치하고, 위아래 패널 사이에 유리를 끼워넣어 가로방향의 연속된 창으로 표현하는 방식이다. 의장적으로 기둥 또는 보를 강조할 때 사용한다.

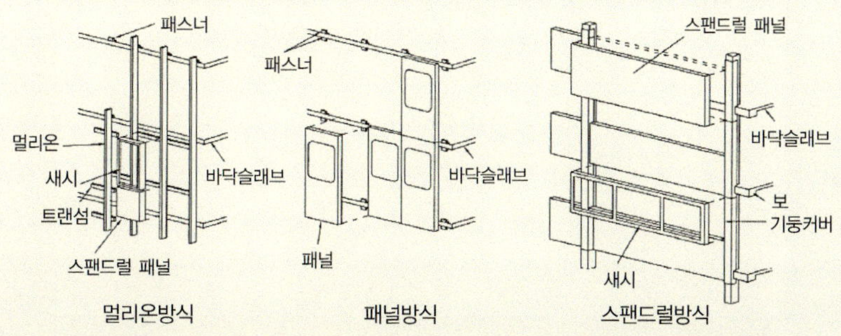

2. 커튼 월의 시공

커튼 월은 일반적으로 공장에서 프리캐스트 형태로 제작되어 현장 상황 및 공정에 맞추어 반입한다. 현장으로 반입된 부재는 크레인 등의 양중설비를 이용하여 설치 위치까지 직접 양중하며, 사전에 건축물에 멀리온이나 패스너를 설치해놓고 양중 후 곧바로 설치하는 경우가 일반적이다. 초고층건축물의 경우 리프트를 사용하기도 하며, 실내의 개구부를 통해 내부 양중을 하기도 한다. 일반적인 커튼 월 시공은 다음 그림과 같이 이루어진다.

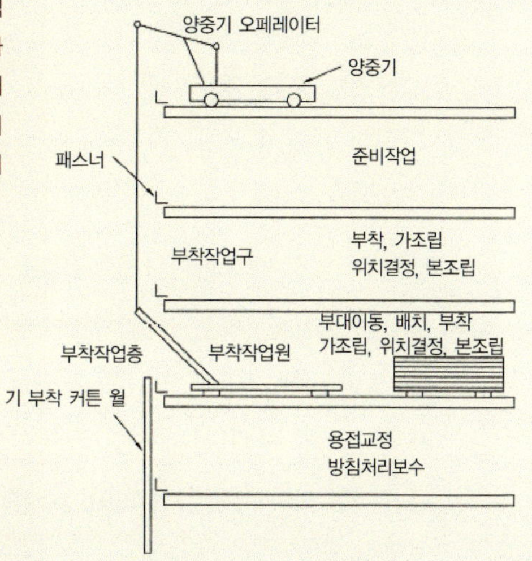

커튼 월은 특히 초고층건축물에 적용할 경우 장점을 더욱 극대화할 수 있다. 우선 커튼 월은 외벽 하중을 감소시켜 건축물의 기초와 구조에 소요되는 비용을 절감할 수 있다. 또한 프리캐스트콘크리트(PC) 커튼 월은 제품의 일부 또는 전부를 공장에서 제작하여 반입하여, 골조공사와 병행하여 생산 및 시공이 가능하므로 공기단축에 유리하다.

특히, 유닛 시스템 적용 시 적층공법에 의하여 공기단축이 가속화된다. 커튼 월은 건축물의 내부에서 시공이 가능하여 비계 및 발판이 필요치 않아 가설 공사비를 최소화할 수 있으며, 외부 가설이 어려운 초고층건축물에 더욱 유리하다. 한편 커튼 월은 각종 자재(유리 및 금속 패널)를 사용하여, 자유로운 색상 및 입면을 표현하여 건축물의 의장을 결정짓는 중요한 요소인 동시에 건축물의 냉난방 부하를 줄이고 일조와 채광을 조절하는 등 에너지 측면에서도 중요하게 활용할 수 있으므로 계획 단계에서부터 건축가와 엔지니어 간의 긴밀한 협업이 요구된다.

참고문헌

1) 정산진 외, 『건축시공』, 기문당, 2003.
2) Ibid., 제 17장 커튼 월 공사 그림 17-1 커튼 월의 구성방식, p.393
3) Ibid., 제 17장 커튼 월 공사 그림 17-10 커튼 월 설치공사의 개요, p.408

앞서, 한국의 건축업이 시공 분야에 집중되었기 때문에 수익률이 낮다고 했습니다. 하지만 이런 시공 분야는 다른 나라에서도 몇 번의 실무만 경험하면 금세 우리나라를 따라잡을 수 있습니다. 다른 나라가 넘보기 힘든 고수익, 고부가가치 사업 분야에 투자해야 하는 것은 당연한 일이겠지요.

연구 분야의 기술적 향상과 발전을 위한 연구도 중요하지만, 현업 분야에서 계속 선진기술을 습득하고 개발하여 기술력을 향상시키고 노하우를 쌓는 것 역시 중요합니다. 기술력을 보유한 인력도 많이 양성해야 하겠죠. 하지만 현실적으로는, 현업 분야에서 기술력을 향상시키기가 쉽지 않습니다. 또한 국내 건축법령 등의 제도적 문제 때문에 구조 엔지니어링 분야에서 전반적인 산업 침체가 발생하는 상황입니다. 즉 관련업계의 노력뿐 아니라 제도적인 뒷받침이 있어야 기술을 가진 인력을 확보할 수 있다는 이야기입니다.

기술 특허는 어느 나라가 많을까

초고층건축물과 관련된 기술 수준을 보여주는 기준 중 하나로는 특허 출원 건수를 들 수 있습니다. 물론 특허의 수와 그 나라의 기술 수준 전체를 동일하게 보는 것은 무리가 있지만, 아무래도 기술이 발전한 나라일수록 새로운 기술 특허가 많을 것입니다.

1994~2012년 사이의 초고층건축물 관련 특허 출원 건수는 총 2,916건입니다. 이 가운데 한국에서 출원한 특허 등록은 581건(약 20%), 유럽은 345건(약 12%), 일본은 1,059건(약 36%)입니다. 같은 기간 미국의 특허 등록 건수는 931건(약 32%)입니다. 특허를 출원한 사람들의 국적은 한국 519건(18%), 미국 568건(19%), 유럽 372건(13%), 일본 1,334건(46%), 기타 121건(4%)으로 조사되었습니다. 이런 결과에서 미루어본다면, 초고층건축과 관련된 기술에서는 일본의 개발 연구가 가장 활발한 것을 알 수 있습니다.

한국 · 미국 · 유럽 · 일본에서 등록한 초고층건축물 관련 기술을 분야별로 살펴보겠습니다. 2,916건의 특허 등록 가운데에서 도시계획 및 설계 분야는 18건(약 1%), 건축 계획 및 설계 분야 130건(약 4%), 구조 및 재료 분야 970건(약 33%), 설비 및 소방 안전 분야 1079건(약 37%), 시공 분야 737건(약 25%)으로 집계됩니다. 비율로 볼 때 구조 및 재료에 대한 기술 특허와 설비 및 소방 안전 분야의 특허 경쟁이 높습니다. 반면 건축 계획 및 설계 분야와 도시계획 및 설계 분야의 특허가 비율이 낮은 것을 볼 수 있습니다. 특허의 비율로 볼 때 앞으로 이 분야에서 기술의 공백이 발생할 가능성이 크지 않을까요?

초고층건축물과 관련된 기술에서 국내에서 거의 다뤄지지 않은 분야도 있습니다. 제대로 된 장소 만들기(placemaking)에 대한 연구, 그리고 저탄소 건축물을 만들기 위한 디자인 전략에 관한 연구입니다. 또한 국내의 관련 논문 동향이 평면 계획이나 입면 계획을 다루는 등 세부적인 경향을 보이고 있음에 비해, 국외의 연구 자료들은 초고층건축 계획을 전체적으로 다루려는 경향이 있습니다. 그 밖에 비정형 건축을 위한 파라메트릭 디자인 방법과 지속가능한 초고층 만들기에 관한 연구도 외국에서는 활발한 편입니다. 초고층건축물 건설의 미래를 생각하고 한국의 기술력이 경쟁력을 확보하기 위해서는 해외의 이런 연구 동향에 대해서도 관심을 가질 필요가 있습니다.

장소에 대해

장소는 어떠한 사건이 일어난 곳을 말한다. 어떠한 사건이든 간에 어떠한 시간이라는 시간의 개념과 어떠한 곳이라는 공간적 개념이 하나로 합쳐져 일어난다. 그래서 사람은 사건을 기억하고, 사건을 통해 장소를 기억하게 되고, 장소는 사람들에게 의미 있는 한 시점의 공간이 된다. 좋은 장소들은 개인적으로나 사회적으로나 누적되면서 의미 있는 장소로 부각되곤 한다.

도시에 사는 인간은 그가 살고 있는 터전에 대한 삶의 의미를 찾으려 하고, 장소를 통해 삶의 가치를 찾는다. 따라서 장소 만들기(placemaking)는 도시민에게 삶의 터전에 대한 가치 있는 삶의 의미를 부여하기 위하여 도시설계가나 건축가가 부단히 애쓰며 추구하는 목표가 된다. 도시 속 장소 만들기로 성공한 대표적인 예로는 뉴욕의 엠파이어스테이트 빌딩을 들 수 있다. 이곳은 여러 영화에 로맨틱한 배경으로 등장하기도 했고, 최고층에서 전망을 즐기기 위해 많은 사람들이 즐겨 찾는 장소가 되었다.

또, 최근에는 구겐하임미술관이 생긴 이후 스페인의 빌바오가 세계적인 관광지가 된 유명한 사례도 있다. 반드시 건축물에 의해 장소가 형성되는 것은 아니지만, 사람들이 찾는 좋은 건축물에 의해 좋은 장소가 만들어지는 것이 일반적이다.

연구 동향에서 알 수 있는 것들

초고층건축물에 대한 외국 연구를 보면 초고층건축의 시공/재료 분야에 대한 연구가 오히려 국내보다 적은 듯합니다. 초고층 분야에서 높은 수준의 연구와 활발한 활동을 보여주고 있는 CTBUH, 즉 세계 초고층 도시건축학회(The Council on Tall buildings and Urban Habitat)의 경우도 건축계획과 건축구조를 중심으로 한 연구나 발표가 주류를 이루고 있는 반면 시공이나 재료 분야의 경우에 대한 관심은 높지 않은 것으로 나타났습니다.

현재 한국에서는 고강도콘크리트와 고강도철강에 대한 연구와 기술 개발이 활발한 상황입니다. 이런 재료들이 초고층건축물에만 쓰이는 것은 아니지만 초고층건축 재료로서 적극적으로 활용되는 재료들입니다.

초고층건축에서 구조 분야는 구조물의 안전성 및 사용성을 확보하기 위해 가장 중요하다고 해도 과언이 아닙니다. CTBUH에서도 구조에 대한 연구 사례가 많았고, 그 외 구조 시스템 및 최적화, 구조설계 분야 등에서도 여러 나라에서 많은 연구가 이뤄집니다. 그 뒤를 이어 활발하게 이뤄지는 것이 비정형 구조물에 대한 연구입니다. 아무래도 초고층건축물의 디자인 경향에서 점점 비정형 형태가 주류를 이루는 현실을 반영하고 있는 것으로 보입니다.

초고층건축물의 환경 분야에서는 에너지 절감에 관한 논문이 많이 발표되는 추세입니다. 이는 에너지와 환경이라는 주제가 건축이나 건설 분야뿐 아니라 산업과 사회 · 문화 등을 통틀어 전지구적인 과제이기 때문일 것입니다.

또한 현대에는 많은 사람들이 주거의 양적 측면뿐 아니라 질적 측면도 중시하고 있습니다. 초고층건축물의 실내 공기 품질이나 공기의 흐름 등을 연구하는 논문도 등장하고 있는 점이 이런 추세를 보여준다고 할 수 있습니다.

21세기 초의 9/11 테러 이후 초고층건축물의 유지 · 관리 · 방재 분야에 대한 관심도 매우 커졌습니다. 화재 안전 및 피난, 제연 등에 대한 연구가 그 이전보다 훨씬 늘어난 점은 사회적으로 높아진 안전의식을 말해줍니다.

한국 초고층건축 기술의 강점과 약점

한국의 초고층건축이 세계 시장에서 경쟁력을 가지고 이 분야를 선도하기 위해서는 우리 기술의 현단계를 정확하게 파악해야 합니다. 대한건축학회에서는 초고층건축 분야에서 한국이 가진 강점과 약점, 기회와 위기를 파악하기 위해 SWOT 분석, 즉 강점과 약점, 기회와 위협을 분석해 보았습니다(2014.7). 여기에서 그 분석을 하나씩 살펴보면서 한국의 초고층건축 기술 분야가 나아갈 길을 생각해 보도록 하겠습니다.

한국 초고층건축의 강점으로 가장 먼저 들 수 있는 것은 바로 세계적 수준의 건축 시공 기술력입니다. 세계 최고층의 부르즈 칼리파를 비롯한 여러 유명한 초고층건축물들을 시공하면서 한국 기업들의 시공 기술력은 이미 오랜 시간을 거쳐 검증받았습니다. 또한 우리나라에는 첨단 기술력을 갖춘 건축 분야의 인재가 풍부합니다. 국내뿐 아니라 재외 국민 중에서도 기술을 갖춘 인력이 많습니다. 이런 시공 기술과 인력들은 국내 최고층인 롯데타워 건설을 통해 결집되어 또 한번의 큰 경험을 쌓았습니다. 롯데타워는 설계와 시공 분야의 국내 기술력이 집약된 프로젝트입니다. 이런 강점들은 세계 초고층건설 분야에서 이미 널리 인정을 받고 있습니다.

반면 한국의 초고층건설 분야가 가지고 있는 약점도 분명 있습니다. 특히 초고층건축 설계 분야에서 경험이 빈약하다는 점은 우리가 해결해야 할 과제입니다. 1983년의 63빌딩 이후 초고층건축 설계에 국내 기술을 적용한 사례가 없었기 때문입니다. 또한 여러 공학적 기술이 결합된 복합적 엔지니어링 분야의 책임 설계 역시 경험이 부족합니다. 이는 관련 업계나 학계의 문제라기 보다는 국내 건축사법의 법령과 관련이 있다고 보아야 할 것 같습니다.

국내 건축법과 구조 설계

국내 건축구조 분야의 엔지니어링 기술발전을 저해하는 가장 큰 장애물은 현행 건축법 및 건축법 시행령, 시행규칙 등에서 건축구조 기술자의 주체적 행위를 원천적으로 봉쇄하고 있기 때문이다. 건축법 제23조 1항에서는 "건축물의 건축 등을 위한 설계는 건축사가 아니면 할 수 없다."라고 규정하고 있으며, 동법 제2항 및 3항에서는 1항에 따른 설계자가 설계도서를 작성하도록 규정한다. 이에 따라 우리나라의 건축구조기술자는 본인의 책임 하에 주체적으로 구조설계 및 구조도서를 작성할 수 없으며, 이러한 상황은 궁극적으로 구조기술자가 설계자에게 종속되는 후진적인 사회 시스템을 형성하였다.

또한, 건축법 제27조 1항에서는 허가권자의 현장 조사, 검사 및 확인업무를 건축사법 제23조에 따라 건축사 업무신고를 한 자에게 대행하도록 규정하고 있으며, 건축법 제25조 7항에서는 건축물의 공사감리에 대하여 "제1항에 따른 공사감리의 방법 및 범위 등은 건축물의 용도 · 규모 등에 따라 대통령령으로 정하되, 이에 따른 세부기준이 필요한 경우에는 국토교통부장관이 정하거나 건축사협회로 하여금 국토교통부장관의 승인을 받아 정하도록 할 수 있다."라고 규정한다. 또한, 동법 시행령 제32조에서는 구조안전의 확인에 대하여 해당 건축물의 설계자가 국토교통부령으로 정하는 구조기준 등에 따라 그 구조의 안전을 확인하여야 한다고 규정하고 있다.

이러한 조항들은 건축공사의 전체 감리업무를 설계자인 건축사들에게 위임함으로써 구조기술자들이 구조감리를 통하여 건축물의 안전성 확보 및 기술 향상을 꾀할 수 없게 만드는 장애물이 되고 있다.

우리나라의 건축법에서는 구조기술자들이 책임지고 설계 및 감리업무를 할 수 없도록 규정함에 따라 구조전문가들의 현장경험이 부족하고 구조도면을 작성하지 않음에 따라 건축, 전기, 설비 등 타 분야와의 간섭 등을 접할 기회가 충분하지 않은 것이 사실이라 할 수 있다. 실제 해외 선진국의 제도를 살펴보면, 미국에서는 건축주의 부담으로 구조 분야 전문가들을 Plan Checker로 고용하여 구조설계도서를 구조기술자가 검토하고 책임을 지도록 규정하고 있으며, 일본의 경우에도 구조 관련 전문지식이 있는 공무원이 인허가 업무를 수행하며 구조검토는 지정 확인 검사기관이 전문적으로 이를 수행하도록 규정하고 있다.

한국의 경우 구조기술자들의 업무 영역이 제한되면서 구조 엔지니어링 분야의 발전에 큰 걸림돌이 되고 있으며, 이러한 결과는 구조공학 기술의 완성체인 초고층건축물의 기술개발에도 많은 영향을 끼치고 있는 것이 사실이다.

또한 한국에서는 초고층 설계를 뒷받침할 자재 · 지원이 부족하다는 점 역시 약점으로 작용합니다. 내수 시장이 크지 않은 탓에 시장 개발이 미흡했던 것입니다. 하지만 한국에게 좋은 기회가 되는 요인도 있습니다. 특히 초고층건축 분야의 기술 개발과 해외 진출에 대해 정부가 적극적으로 후원하고 있다는 점은 우리나라가 가진 유리한 조건입니다. 한국 정부는 창조경제 시대에 건축의 부가가치를 높이기 위해 기술력을 개발해야 한다는 강한 의지를 보여 왔습니다. 그리하여 2009년 9월 당시의 국토해양부(현재의 국토교통부)에서는 우리나라 초고층 설계와 시공 분야의 획기적인 기술 발전을 위해서 초고층빌딩 사업단을 발족시키고, 이후 이를 나누어 초고층빌딩 설계 엔지니어링 기술 연구단(이하 초고층설계연구단)과 초고층빌딩 시공기술 연구단(이하 초고층시공연구단)을 발족시켰습니다. 초고층설계연구단은 단국대학교에 설치되었고, 초고층시공연구단은 RIST(포항산업과학연구원)에 설치되었습니다. 이 두 연구단을 통칭하여 초고층빌딩연구단이라고 합니다. 초고층빌딩 연구단이 설립된 이후 이 분야와 관련된 기술의 연구 개발이 급속하게 발전했습니다. 연구단에서 내놓은 우수한 연구 실적들이 앞으로 현실에 적용될 수 있도록 장기적인 지원이 필요할 것으로 보입니다. 이 두 연구단은 2015년 12월 초고층빌딩 글로벌 R&BD 센터로 다시 통합되었습니다.

또한 다른 나라에서 초고층건축 시장이 활성화되고 있다는 사실도 한국에게는 기회가 됩니다. 아시아와 아프리카의 여러 나라에서 경제가 발전하면서 초고층건축물 개발 붐이 일어나고 있습니다. 이런 외부 상황은, 발전하고 있는 한국의 초고층 건설 기술을 위한 좋은 기회로 작용할 것입니다. 하지만 우리에게 불리하게 작용하는 요인들도 있습니다. 초고층건축 설계를 발주하는 주체에서는 경험이 많은 쪽을 선호합니다. 초고층건축물을 담당해서 설계해 본 경험이 없는 국내 설계사무소 입장에서는 불리한 요인입니다. 또한 다른 나라에서 한국의 건축 설계 수준에 대한 신뢰성이 낮은 편이라는 사실도 아프지만 인정해야 합니다. 해외에서 명성을 떨친 건축가가 절대적으로 부족한 것이 한국의 실정입니다. 예를 들어 건축계의 노벨상이라고 불리는 프리츠커상을 받은 건축가가 한국에서는 한 사람도 나오지 못했습니다.

여기에 중국의 초고층 설계기술이 비약적으로 발전하고 있다는 점도 한국에는 분명 불리하게 작용합니다. 중국은 현재 초고층건축 시장을 도전적으로 개척하고 있습니다. 이런 공세에 맞서기 위해서는 한국만의 독창적인 선진 기술과 설계 능력이 더욱 발전해야 합니다.

한국의 초고층건축 기술의 세계적 수준

대한건축학회에서 조사한 초고층건축 기술 수준에 대한 결과를 도표로 알아보았습니다. 해외와 국내의 초고층건축 관련 전문가들의 응답을 바탕으로 정리한 이 도표에는 각 분야별로 최고의 기술을 보유한 국가가 나와 있으며, 이 분야에서 한국의 기술 수준을 숫자로 표현했습니다.

각 항목별로 정밀하게 대응하기는 어렵지만 이 조사 결과를 통해 2009년과 2014년의 기술 수준을 비교해 볼 수 있고, 그리고 2015년의 기술 발달 예상 수치도 볼 수 있습니다. 어느 항목을 보더라도 한국의 초고층건축 기술이 해마다 발전하고 있음을, 더구나 초고층 빌딩 연구단의 설립 이후 두드러진 성장세를 보이고 있음을 알 수 있습니다.

초고층빌딩설계연구단과 시공연구단이 이룬 성과

다른 분야도 그렇지만 세계 최고 수준의 초고층건축물에서 구조설계는 실적이 풍부한 몇 곳의 회사로 집중되고 있습니다. 그 결과 높은 이윤을 창출할 수 있는 기본 설계는 몇 곳의 유명 회사에서 수행하고 국내의 구조엔지니어링업계에서는 실시설계 및 도면 용역을 담당하는 일이 많습니다. 한국의 구조엔지니어링 산업 분야의 부가가치를 높이기 위해서는 초고층 빌딩 설계 및 시공 연구단이 수행했던 세계적 수준의 기술을 지속적으로 발전시키고 현실에서 특화할 필요가 있습니다.

이를 현장에 적용하기 위해 다양한 제도적 개선 방안도 수립되어야 합니다. 초고층건설 사업은 개별적으로는 특정 기업의 프로젝트이지만, 한국의 기술 수준과 전체 경제 발전에 큰 영향을 미친다는 점에서 국가적으로 관심을 가져야 하는 사업이기도 하기 때문입니다.

초고층 설계 및 시공 연구단에서는 세계 수준의 고성능 구조 재료 개발에 성공했으며 구조설계 최적화 기술도 개발했습니다. 이런 새로운 재료나 기술을 건축물에 적용하기 위해서는 기존의 설계 기준을 보완하는 등 법과 제도적 측면에서 뒷받침해주어야 합니다. 또한 새로운 기술을 활용할 수 있는 인력도 확보해야 합니다.

표 3.1

구분	기술분야_중분야	기술분야_소분야	해외전문가 최고기술 보유국명	해외전문가 2009 건축학회	해외전문가 2011 KICT	해외전문가 2014 건축학회	해외전문가 2015 KICT	국내전문가 최고기술 보유국명	국내전문가 2009 건축학회	국내전문가 2011 KICT	국내전문가 2014 건축학회	국내전문가 2015 KICT
1	초고층사업관리기술	개방형 BIM	USA		57.7	77.5	81.9	USA	45.8	65.5	71.7	82
2	비정형 통합설계시스템기술	비정형 통합설계시스템기술	USA		72.1	52.5	84.2	USA		74.5		88.3
3		비정형 통합설계전산플랫폼기술	USA		64	52.5	79.3	USA	5058.2	78.3	84.4	KICT
4	에너지저감환경기술	재생에너지활용기술	Germany		64.2	77.5	74.7	Germany		62.9		72.1
5		저에너지형 내부환경설비	Germany		66.6	77.5	77.8	USA	65	59	75	75.1
6	구조시스템 성능개선기술	풍진동제어기술	Canada		57.3	77.5	76.7	USA	56	74.8	78	88.2
7		연쇄붕괴방지기술	USA		45.2	77.5	67.7	USA	55.8	85	79.2	92.7
8		폭발물테러예방/피해 경감기술	USA		59.6	77.5	74.5	USA	49.5	59.4	70	78.5
9	수직도시공간계획 기술	초고층수직도시설계기술	USA		80.4	77.5	91.4	USA(유럽)	48	79.4	62	86.5
10		초고층공간계획기술	USA		67.1	77.5	78.6	USA		81.3		87
11	저탄소고성능 재료기술	고강도실용화기술	Janpan		70.7	77.5	85.8	Janpan(미국)	65	86	78.8	95.2
12		슈퍼콘크리트실용화기술	USA		78.6	77.5	87.5	Janpan(미국)	68	90.6	80	93.9
13		고성능강콘크리트합성기술	USA		82.9	77.5	90.1	Janpan(미국)	65	86.4	75	93.1
14	시공안전성기술	변위대응형 정밀시공기술	Other		81	77.5	90.3	USA	59	92.8	73	95.5
15	고속시공기술	지능형 현장시공기술	Janpan		83.2	77.5	92.2	USA		92.8		95.2
16		통합형 공정관리기술	USA		80.1	77.5	90.3	USA	62.5	83.1	78.8	89.8
17	빌딩자동화관리기술	지능형 유지관리기술	Janpan		83.1	77.5	88.4	Janpan		86.9		92.3
18		시설물센서네트워크기술	Janpan		73.5	77.5	80.8	USA	60	81	76.7	88.8
19	전력망 연동시스템 기술	전력설비 및 시스템통합기술	USA		64.2	77.5	81.9	USA	65	74.7	81.3	87.4
20		전력계통 연동설계기술	USA		63.8	77.5	83.5	USA		94.2		97.4
21	방재안전기술	피난안전성 확보기술	USA		80.2	77.5	88.9	USA		68.5		80.5
22		화재위험성 평가/진압기술	USA		78.8	77.5	84.6	USA	56	73	81	84.5
23		내화성능 확보기술	USA		71.6	77.5	83.1	USA	64.2	77.2	80.8	87.4

※주) 본 연구에서 설문 조사 및 전문가 면담 워크숍을 통해 도출한 2009년의 기술 수준과 2014년 기술 수준을 대조하여, 2009년부터 2015년까지의 분야별 기술 수준을 도출하였음. 기술 수준은 각각 중분야 및 소분야를 대상으로 이루어졌으며, 두 연구의 기술 수준 분야가 완벽하게 일치하지 않으므로 최대한 유사한 기술 항목을 대조함. 2009년, 2014년은 대한건축학회 연구 결과이며, 2011년, 2015년은 KICT의 결과. 중분야 및 소분야의 건기연-건축학회 연구 카테고리가 1:1로 매칭되지 않아서 최대한 유사한 기술을 매칭하였지만, 이에 따라 평가 결과가 달라질 수 있음. 매칭되지 않는 기술은 2009년과 2014년을 공란으로 표기하였음. 기울임체로 표기한 수치는 기술 수준이 점진적으로 향상되지 않고 중간에 하락이 있어서 역배열이 나타나는 기술임. 구조와 시공의 일부 기술에서 이러한 경향이 있음. 그렇지만 2009년~2014년 (본 건축학회 연구)의 기술 향상 폭이 2011년~2015년(KICT 연구)의 기술 향상 폭보다 크다는 것을 알 수 있음. 그러한 이유는 조사 표본이 다르고 조사 표본의 특성에 따라 절대적인 평가 척도가 위 두 연구가 같지 않은 데서 기인함. 또한 두 연구의 각 기술 항목이 1:1로 매칭되지 않고 최대한 유사한 기술 항목을 매칭한 이유도 있음

초고층건축물의 건설을 반대하는 입장에서는 이 건축이 에너지를 많이 소비한다는 점을 비판하곤 합니다. 따라서 효과적으로 에너지 자원을 배분하고 에너지 사용을 절감하기 위해 환경 및 설비 분야의 연구가 매우 중요합니다. 초고층 빌딩 연구단에서는 건축물의 외부를 만드는 공법을 개선하여 냉난방의 부하를 절감하거나 신재생 에너지를 활용하는 방법, 냉난방 시스템의 효율을 높이는 시스템 등에 대한 연구 개발을 지속적으로 했습니다. 2014년 현재 파일럿 테스트를 통해 이런 신기술의 성능이 일부 검증된 상황입니다. 이런 기술들이 계속 심화 · 발전할 수 있는 지원이 필요하리라 보입니다.

또한 초고층건축물의 유지 관리 및 방재 분야는 앞으로 매우 중요한 역할을 할 것입니다. 초고층건축물의 엘리베이터 위치 설정, 재난에 대비한 및 대피 공간 구획, 화재 안전 계획 등의 분야에서 일반 건축물과는 달리 세심하고 계획적인 설계가 필요합니다. 앞으로도 계속적인 관심이 필요한 분야라고 하겠습니다.

Chapter 4

초고층건축물을 위한 법과 제도

관련 법과 제도 개선 기틀을 마련하다

초고층건축물만을 위한 법과 제도가 필요하다

초고층건축물을 짓기 위해서는 막대한 비용이 들어갑니다. 또 일단 초고층건축물이 들어서면 근처의 지역과 도시, 나아가 그 나라 전체에 여러 가지 영향을 미치게 됩니다. 따라서 일반 건축과는 다른 초고층건축물과 관련된 특수한 법과 제도가 있어야 합니다.

지금의 건축법은 일반적인 건축물에 통용되는 최소한의 규준들을 중심으로 규정되어 있습니다. 하나의 법률이 폭넓고 다양한 건축물에 적용될 수 있어야 하기 때문입니다. 하지만 초고층건축물처럼 새로운 재료와 기술, 새로운 시스템 등이 들어가는 경우에 이런 건축법의 규칙은 현실과 다른 부분이 생기게 마련입니다. 또한 초고층건축물에만 특수하게 필요한 관계 법령과 제도도 있습니다. 구조나 안전성, 재난에 대한 대비, 에너지 사용 같은 문제에서 일반 건축물과 초고층건축물은 달라질 수밖에 없지요.

초고층건축연구단과 대한건설정책연구원에서는 기존의 건축관련법과 제도를 개선하기 위한 기반을 마련하고자 했습니다. 먼저 "초고층건축 절차 및 기준법(가칭)"을 만들고 그에 따른 시행령과 시행규칙을 만들어가는 순서였습니다. 초고층건축물을 짓기 위해서는 기본 절차와 규정이 달라져야 하기 때문에 이를 위한 특화된 법안 마련이 먼저라고 생각한 것입니다.

다음으로는 초고층건축물의 공공성과 안전성을 확보하기 위해 관련 제도를 개선하고자 했습니다. 이는 초고층건축물이 특성상 일단 지어지면 공공에 영향을 미칠 수밖에 없다는 인식에 따른 결정입니다. 초고층건축물의 공공성과 쾌적성을 확보하고, 만약의 경우에 대비한 피난 대책을 어떻게 마련할지에 대한 규정도 만들어야 한다고 보았습니다. 안전과 편의 모두를 위한 승강기 설치 규정도 개선하고자 했습니다. 궁극적으로 초고층건축물의 인허가를 비롯한 각종 성능 관련 체계를 선진국형으로 전환하고자 했던 것입니다. 향후, 실제로 법안을 마련하는 과정에서 대한건설정책연구원에서 오랜 기간의 연구를 통해 제안한 "초고층건축 절차 및 기준법(가칭)"을 심층검토하고 관련 전문가들의 협력을 받아 선진화된 법과 제도를 시행할 필요가 있습니다.

두 가지 방향으로 법안을 준비하다

오늘날에는 건축기술이 지속적으로 발전하고 건축물에 대한 사람들의 요구 사항도 매우 다양해졌습니다. 이런 복잡한 변화를 담아내기에는 관계 부서의 제도적 대응과 지원에 한계가 있을 수밖에 없습니다. 더구나 초고층건축물처럼 특별하고 다른 건축물과 다른 예외적인 건축물에는 합리적인 법과 제도를 적용하기 어려울 뿐만 아니라 오히려 이런 법과 제도가 제한 요소로 작용하는 경우도 발생합니다. 초고층건축물 하나 하나가 모두 형태가 다르고, 다양한 개별적 특성과 건축조건이 존재하기 때문입니다. 자칫하면 현실적 법에 얽매여 발전을 저해하는 일도 생기게 되죠.

초고층빌딩연구단에서는 초고층건축과 관련된 법과 제도에 대해 새로운 법안을 마련하는 방안과 현행법을 개선하는 두 가지 방향으로 연구를 진행하기로 결정했습니다. 새로운 법안을 제정하려면 시간이 많이 걸리기 때문입니다. 또 새로 법을 만든다고 해도, 이 법이 기존의 법 체계와 일치되게 만들어야 하는 것도 그 이유였지요.

법안을 준비하기 위해서는 초고층건축 사업 시행에 필요한 복잡한 인허가 과정을 단순하고 합리적으로 만들고 사전 승인과 관련된 규정을 마련하는 과정이 필요했습니다. 초고층건축 사업에 대해 원스톱 행정 서비스를 시행할 수 있도록 제도적으로 보장하려 했던 것입니다. 이것을 도표로 표현하면 다음과 같이 법이 세분화될 수 있는 것입니다.

표 4.1 건축법규

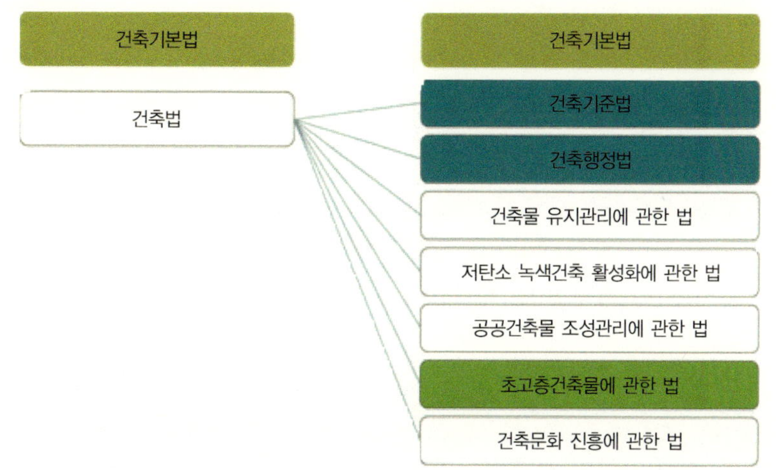

표 4.2 건축법규 운영 절차 및 기준

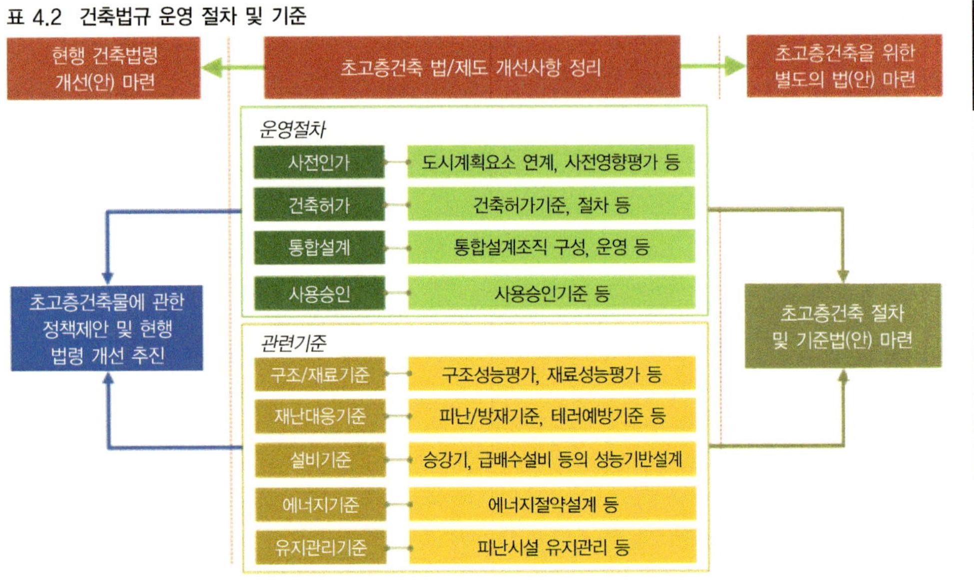

두 번째로는 현행 관계 법률에 들어 있는 규제 및 기준 체계를 선진형 성능기준 체계로 개선하는 일을 진행했습니다. 이미 있는 건축기본법을 그대로 두고, 그 아래에 세부 법령을 마련해서 초고층건축물에 대한 별도의 법령을 그 하위에 두려고 한 것입니다. 도표에서 보이는 것처럼 건축기본법 아래에 초고층건축물에 관한 법령을 추가하는 방식입니다.

두 방향에서 동시에 초고층건축과 관련된 법과 제도를 개선하고 제정하는 과정을 도표로 간단하게 설명하면 대략 표 4.2와 같이 될 것입니다. 별도의 법을 마련하는 것과 현행 건축법령을 개정하는 두 가지 방향이 설정되면, 구체적으로 각각의 시행을 위한 운영 절차와 관련 기준도 있어야 합니다. 기존 법령의 개정이나 신규 제정 법령, 어느 쪽이건 이 운영 절차와 관련 기준을 만족시켜야 합니다.

초고층을 위한 절차와 기준을 새롭게 마련하자

대한건설정책연구원에서 준비한 초고층건축 절차 및 기준법(안)은 7장 29개의 조문으로 되어 있고, 거기에 별도의 시행령과 시행규칙이 덧붙여 있습니다. 여기에서 간략히 각 장에 어떤 내용들이 들어가는지를 살펴보면서, 이 법이 지향하는 바를 생각해 보도록 할까요?

먼저 제1장의 총칙에서는 다른 법령과 마찬가지로 이 법의 목적, 법과 관련된 개념 정의, 법의 적용 대상, 다른 법률과의 관계 등을 정리합니다. 다음으로 등장하는 제2장에서는 초고층건축물의 구역 지정과 인허가를 다룹니다. 먼저 초고층건축물의 입지 여건, 타당성, 공공성, 토지이용의 효율성 등을 비롯하여 초고층건축물이 지역경제와 지역의 균형적 발전에 미치는 파급효과 등을 심의하는 내용을 다룹니다. 이런 심의를 통하여 초고층건축물의 구역을 지정하게 되는 것이죠. 도시관리 계획이나 지구단위 계획을 변경했을 때의 효과를 살펴보는 것도, 이런 구역 지정에 포함되는 주제입니다.

또한 이 조항에는, 초고층건축물의 디자인을 합리적이고 체계적으로 관리하기 위해 구역 지정부터 건축 허가까지 일관성 있는 의사결정을 도출할 수 있게 해주는 초고층건축 자문위원회를 합리적으로 운영해야 한다는 내용이 있습니다. 초고층건축물의 인허가에서도, 단순히 건축물 자체의 기능에 초점을 맞추던 과거의 법 개념에서 벗어나 시간 개념이 추가된 더 명확한 인허가 단계를 제시하면서, 주변 건축물 · 인근 환경 등과의 관계를 이해하고 교통 · 환경 · 재난 · 에너지 · 지속가능성 · 디자인 · 도시경관 등을 종합적으로 고려해서 건축 계획을 세우는 쪽을 권하고 있지요.

제3장은 건축물의 통합설계와 통합감리에 대한 법 조항입니다. 초고층건축물의 경우 다양하고 복잡한 고도의 기술을 적용해야 합니다. 그래서 이 조항에서는 건축가 · 시공자 · 구조전문가 · 에너지전문가 · 설비전문가 등 다양한 전문가가 초기 기획 단계부터 협력하여 최적화된 결과를 추구할 수 있는 통합설계를 권장하고 있습니다. 또한 초고층건축물에 대해서는 감리도 일반 건축물과는 조금 달라져야 합니다. 관련되는 기술과 인력이 더 복잡하기 때문이겠죠. 그래서 건축사 · 구조기술사, 전기설비기술사 · 기계설비기술사 등 다양한 전문가 집단으로 구성된 감리 집단이 초고층건축물의 감리를 통합하여 담당하고, 특히 설계에 충실한 시공을 실행하고 건축의 질을 높이기 위해 일반 건축물과는 달리 설계자가 감리에도 참여할 수 있는 조항을 마련했습니다. 이는 초고층건축물의 전문성을 고려한 조항이라고 하겠습니다.

초고층의 실제 건설과 관련된 법안과 규정들

초고층건축 절차 및 기준법(안) 중 제4장부터 이야기하겠습니다. 제4장은 초고층건축물의 공간 활용 기준을 어떻게 정할지에 대한 내용입니다. 초고층건축물에서는 지상에 공공을 위한 공지, 즉 빈 땅을 설치하여 건폐율이나 용적률 · 높이 같은 건축물의 여러 제한을 완화받으려 하는 경우가 생깁니다. 이때는 그 공지에 사람들이 접근하기가 좋은지, 공지가 쾌적한지를 심의하여야 하겠죠. 해당되는 초고층건축물에 대해 많은 사람들의 접근성과 주변 환경의 쾌적성을 향상시키기 위해 법령에서는 건축물의 저층 부분에 필로티나 아케이드를 구성하여 열린 공간(오픈 스페이스)을 확보하고, 이로 인해 줄어드는 면적만큼 용적률이나 높이로 보존하도록 하는 것 등을 규정합니다. 공공을 위해 땅을 내놓는 만큼, 그 건축물에 혜택을 준다는 말입니다.

제5장에서는 초고층건축물의 착공 및 사용 승인에 대한 법을 다루고 있습니다. 초고층건축 사업은 천문학적인 규모의 사업비가 투입되고 사업기간도 상당히 장기간입니다. 사업을 시행하는 입장에서는 일부분이라도 공기를 단축하려는 것이 당연한 일일 것입니다. 따라서 법안에서는 초고층건축물의 기초 부분에 한해 부분적으로 착공하거나 사용하는 것을 허용하고 있습니다.

단, 일반 건축물과 비교할 때 초고층건축물에서 구조 안전이나 재난 방지 등의 사항이 더 엄격해야 함은 물론입니다. 초고층건축물의 사용이나 부분 사용을 승인할 때에는 매우 엄격한 기준이 필요합니다.

초고층건축을 위한 법안의 제6장은 건축물의 성능을 평가하는 내용입니다. 건축물이 바람에 흔들리는지 여부를 따지는 풍동실험 결과와 그것을 설계에 반영했는지를 증빙하는 자료를 제출하는 것이 법안으로 정해져 있습니다. 또한 내진 · 면진 · 제진 등 지진 충격과 관련된 여러 장치가 적정한지 여부를 검토하여 그 결과를 제시하고 그것이 설계에 반영되었다는 증빙 자료를 제출해야 합니다. 이 규정들은 모두 건축물의 흔들림과 관련이 있겠죠? 안전과 관련된 부분이니만큼 법률로 여러 규정을 세심하게 정해 놓아야 할 것입니다. 또한 건축물이 들어서는 지반과 지내력에 대한 평가, 그리고 파일기초 설계와 부동침하 등을 검토하여 초고층건축물의 횡력에 대응하는 기초 및 지하구조 설계를 마련하도록 하였습니다. 이 또한 건축물의 기초부터 튼튼히 해서 안전상의 문제가 생기지 않도록 해야 한다는 의도입니다.

초고층건축물을 지을 때에는 만약의 재난이 발생할 경우를 대비하여 피난 안전 성능을 평가해야 하고, 건축물의 특성에 맞게 피난 시뮬레이션 등을 고려해 피난 안전 구역도 만들어야 합니다. 이런 규정들과 함께 피난 구역의 수직 간격과 규모를 결정하고, 피난 상황의 동선을 고려해서 피난계단 같은 안전시설의 기준을 설정했습니다. 물론 이 기준은 일반 건축물에 비해 더 한층 강화되었습니다. 또한 화재가 발생했을 때를 대비해 화재와 연기의 확산을 막는 기계식 제 · 배연 설비를 의무적으로 설치해야 합니다.

아울러 시대상을 반영하여 초고층건축물에 대한 테러나 반사회적 범죄에 대해서도 대비해야 할 필요가 있습니다. 이런 범죄에 대비하는 계획을 의무적으로 마련해야 하죠. 막대한 에너지를 사용하는 초고층건축물이니만큼 에너지 절약 설계도 법으로 의무화되어 있습니다. 높이에 따라 건축물 외피 설계에 차이를 준다거나 연돌효과를 제어하는 설계가 필요하며, 반송동력을 절감하는 계획을 세워야 합니다. 높이에 따라 외피 설계를 다르게 하는 이유는 초고층건축물이 고층부와 저층부의 온도, 습도, 풍압, 일사 및 복사 등 외기조건에 많은 차이가 있어 과다한 에너지 소비 같은 문제를 유발하기 때문입니다. 또한 초고층건축물은 내부와 외부 사이에 압력 차이로 강한 외기가 유입되어 상승하는 연돌효과가 발생합니다. 이 때문에 에너지 손실이 꽤 많이 발생할 수 있어 이를 미리 제어할 필요가 있습니다.

표 4.3 초고층 관련 법안 및 규정

제1장	총칙	목적, 정의, 적용대상, 다른 법률과의 관계
제2장	초고층건축물의 구역 지정 및 인허가	초고층건축 구역 지정 신청 및 초고층건축 구역 지정 효과, 전문가 자문위원회, 인허가 및 건축허가
제3장	초고층건축물의 통합설계 및 통합감리	초고층건축물의 통합설계 및 공사 통합감리
제4장	초고층건축물의 공간활용 기준(공공성 등)	초고층건축물의 공개공지에 대한 공공의 접근성 및 쾌적성 확보, 저층부 공공공간 확보, 높이 제한
제5장	초고층건축물의 착공 및 사용승인	초고층건물의 부분 착공, 부분 사용승인, 사용승인
제6장	초고층건축물의 성능평가	초고층건축물의 구조성능 평가, 화재안전성능 평가, 테러예방 계획, 에너지절약 설계
제7장	초고층건축물의 설비, 재료 등	초고층건축물의 승강기, 급배수설비, 전기설비 등

반송동력 절감이 필요한 것은 냉동기, 냉각탑, 보일러 등의 열원으로부터 실내의 설비 장치까지 수직거리가 증가함에 따라 열매체를 수송하는 반송동력에 대한 에너지 사용량이 높기 때문이겠지요.

법안의 마지막 제7장은 초고층건축물의 설비와 재료에 대한 규정입니다. 초고층건축물의 승강기와 급배수 체계, 전기 · 정보통신설비 등의 성능기반 설계 적용에 대한 규칙과 새로운 기술 및 재료의 사전 적용(KS 등 표준화 절차 이전)에 대한 규정을 담았습니다.

초고층건축물은 성능을 어떻게 평가해야 할까

초고층건축의 성능을 평가하는 기준을 국내의 수준에만 맞춰서는 좀 부족하다고 할 수 있습니다. 한국의 수많은 기업과 전문가들이 해외에서 벌어지는 초고층건축 프로젝트에 참여하고 있으며, 앞으로 국내뿐 아니라 해외에서 많은 초고층건축물이 지어질 전망임을 우리 모두 알고 있습니다. 따라서 초고층건축의 성능을 평가하는 기준은 글로벌한 기준에 맞추고, 각각의 초고층건축물 특성에 맞는 평가를 할 수 있어야 합니다. 인허가 시스템 역시 국제적인 기준에 적합해야 함은 물론입니다.

초고층빌딩연구단과 대한건설정책연구원에서는 초고층건축의 성능평가 기준을 마련하는 과정에서 영국 및 미국, 특히 초고층건축물이 많은 뉴욕과 시카고 지역 등의 기준을 벤치마킹했습니다. 이와 더불어 관련 전문가의 자문을 통해 성능평가 방안을 검증했습니다. 초고층건축의 인허가와 사업추진 절차에서 합리적인 모델을 구축하고 최종적으로 이를 위한 가이드라인을 마련하는 것이 목표였습니다.

외국의 사례를 벤치마킹하면서 중점적으로 보았던 사안은 조사 지역에 따라 조금씩 달랐습니다. 영국에서는 '고층건축물 가이던스'에서 건축허가를 위한 조건을 중심으로 분석했고, 사례로는 62층의 프라이드 타워에 관한 '계획허가제' 내용을 살펴 보았습니다. 미국 시카고는 아무래도 고층빌딩들이 밀집한 도시이니만큼 높이 제한이나 구역 설정에 대한 조사를 빼놓을 수 없었습니다. 마천루로 유명한 뉴욕에서도 마찬가지로 높이 제한과 구역 계획, 심의와 인허가 기준등을 분석했습니다. 이런 과정을 통해 각 지역의 초고층건축물을 평가하는 핵심적인 요소를 도출한 것입니다.

표 4.4 지역별 법/제도 인허가 조사 분석

고층건축 관련 영국의 법/제도 및 인허가 조사 · 분석
· 고층건물 가이던스의 건축허가를 위한 11가지 조건 분석
· 계획허가제 분석 및 영국의 고층건물 계획허가서 사례(프라이드 타워, 62층) 분석

고층건축 관련 시카고의 법/제도 및 인허가 조사 · 분석
· 높이 제한 및 인센티브 조닝 제도 조사 · 분석
· 시카고의 개발허가 모델 및 리뷰 체계 분석
· 시카고의 고층건물 핵심 평가요소 도출

고층건축 관련 뉴욕의 법/제도 및 인허가 조사 · 분석
· 높이 제한 및 조닝 플랜 조사 · 분석
· 뉴욕의 개별 허가 모델 및 표준 토지이용 심의제도 분석
· 뉴욕의 개별 건물허가 모델 및 리뷰 체계 분석
· 뉴욕의 고층건물 핵심 평가요소 도출

기술과 안정성 평가를 위한 가이드라인을 만들다

지금까지 초고층건축의 기술이나 안전 성능을 평가하기 위해서 새로운 규정과 법안을 만들고, 기존의 관련 법령을 다시 개선하는 방향을 이야기했습니다. 이와 관련된 '가이드라인' 을 마련하는 것도 대한건설정책연구원과 초고층빌딩연구단의 연구 과제 중 하나입니다. 가이드라인은 어떤 일을 할 때 대략적인 방향이나 일의 범위를 정해주는 것을 말합니다. 건축을 하는 입장에서는 여러 분야에서 초고층건축의 건설과 인허가에 대해서는 합리적으로 단계를 구분하여 평가 기준을 만드는 것이 좋습니다. 초고층건축물의 특성상 복잡하고 다양한 기술과 요소가 들어가다 보니, 미리 정밀한 가이드라인을 만들어 놓지 않으면 자칫 잊어버리거나 누락되는 항목이 생길 우려도 없지 않습니다.

다음의 표 4.5는 초고층건축 프로젝트의 여러 측면을 다시 하부 항목으로 구분하고, 각 과정에서 평가 기준이 될 수 있는 가이드라인을 간단하게 정리한 것입니다. 물론 이런 평가 기준이 전부는 아닙니다. 더 보강하고 보충해야 할 부분들이 분명 있을 것이고, 지금 당장은 이 정도 가이드라인으로 충분하다 해도 앞으로 초고층건축물과 관련된 건축기술이나 과정이 새롭게 등장한다면 가이드라인 역시 진화해야 할 것입니다. 또한 이런 가이드라인을 만들면서 국제적인 기준과 관행도 반영해야 하겠죠. 우리 기업과 기술의 해외진출을 위해서도 꼭 필요한 일들입니다.

표 4.5 초고층 평가요소

분야	평가항목	평가요소
친환경	에너지소비량	건물 외피 디자인, 냉난방 방식, 공조 및 급탕, 신재생에너지 활용
	친환경 재료 사용	친환경 등급, 재료관리
	구조방식	친환경 성능과의 조화, 내부 환경, 에너지 절감
	실내 환경	빛/공기/열, 복합 시스템, 시간대별 사용 환경
	폐기물 발생	단계별 원칙, 재활용
피난/방재	화재 확산 방지	화재 저항 건설, 화재 확산 방지, 위치별 분석, 엘리베이터와 환기 덕트, 방화구획 및 방화문
	경보 시스템	단계적 경보 시스템, 화재 알림 시스템, 비상 전원공급 시스템, 다목적 활용성
	구조 시스템	내화구조 설계, 재료의 강도, 구조 해석
	방재 시스템	필수사항 점검, 화재 경보 및 발견 장치, 스프링클러, 소화 장비
	대피 원칙 및 방식	수직 및 수평 이동, 개별 공간별 대피, 2차 고립 예방, 화재 확산 정도에 따른 대피, 복도의 방화 구획, 양방향 피난로 확보, 특별피난계단 설치, 장애인과 노약자, 피난안전 구역
시공/재료	시공방식	내화시공
	재료	내화재료
구조	구조 형식	기본구조, 횡하중, 해석데이터 검토
	안전 성능	안전 성능등급 선정, 사고 발생시 구조적 안전성, 건물 높이에 대한 안전 성능 확보, 구조 내화 성능
	경제성	최적의 시뮬레이션 기법 적용, 대안 비교, 재료비와 시공비, 유지 및 관리
유지관리	환기	환기 성능, 작업상황에 따른 환기 방식, 방재 성능과 연계, 수동 환기 조절 시스템, 효과적 강제 환기
	재료	전 생애 기준, 개별 부재별 유지 및 관리, 일체화된 구조방식과 모듈화된 재료 사용, 재료 공급 방식
	점검 및 수리	안전 점검, 핵심 점검 부분, 유리 및 관리, 수직 이동 장치
	외벽 관리	점검 및 보수

초고층건축물이 제대로 건설되려면

초고층건축물의 건축허가를 발행하거나 사업을 추진할 때 올바른 방향으로 나아가기 위해서는 6가지 고려해야 할 방향이 있습니다. 하나씩 살펴보도록 하겠습니다.

첫 번째, 인허가 과정은 명확해야 합니다. 인허가 담당 부처에서는 인허가 과정과 관련된 세부 사항과 각종 서류를 정확하게 제시해야 하고, 초고층건축물이 들어서는 지역의 지방 정부는 초고층 인허가 관련 데이터베이스를 구축해야 옳습니다.

두 번째로는 인허가와 관련된 합리적 지원 시스템을 만들어야 합니다. 인허가 서류의 초기 단계부터 관련된 규정을 이해관계자 모두가 정확하게 이해할 수 있도록 지원할 수 있는 시스템을 만드는 것입니다. 그래야 공정하고 합리적으로 모든 절차가 진행될 수 있습니다. 중앙정부와 지방정부의 법률과 정책이 초고층건축을 기술적 · 미학적 측면에서 잘 이해하고, 그런 이해에 근거하여 지원할 수 있어야 합니다. 혹시 인허가 과정의 초기에 오류가 있었다면 정확히 수정하고, 거기에서 더 나아가 제도의 질을 높일 수 있도록 방안을 제시하는 것이 좋습니다.

세 번째 방향은 다양한 전문가 리뷰(검토) 체계를 만드는 것입니다. 인허가 과정이나 추진 절차에 대해 수직, 수평적으로 다양한 전문가들이 검토할 수 있어야 합니다. 물론 여기에서 무리하게 중복되거나 반복되는 과정이 있어서는 안 되겠죠. 만약 민감한 현안이라면 해당 기관 및 전문가와 더욱 충분히 토의해야 합니다. 이 모든 인허가 과정에서 관련 전문가들의 검토와 의견이 반영되도록 해야 한다는 말입니다.

네 번째, 초고층건축물의 인허가 과정은 시간적으로도 합리적이어야 합니다. 인허가 서류를 제출하면 그와 관련된 법규나 정책을 최대한 신속하고 정확하게 확인해야 하겠죠. 필요하다면 적절한 과정을 거쳐 주민들이 참가하는 설명회나 공청회를 열 수 있어야 합니다. 인허가 절차의 각 단계마다 소요되는 시간이 합리적이 될 수 있도록 시간 계획을 수립해야 합니다. 불필요하게 시간을 끌면 여러 단계에서 비용의 낭비가 발생하겠죠.

다섯 번째로 초고층건축물이 건설되는 지역의 주민들이 인허가 절차나 사업추진 과정에서 정당한 목소리를 낼 수 있도록 해야 옳을 것입니다. 주민들의 다양한

표 4.6 초고층건축물 건설의 6가지 방향

구분	기본방안
인허가 과정의 명확성	· 인허가 담당 부처는 인허가 과정 디테일과 제반 서류를 명확히 제시 · 지방정부 인허가 담당 부서는 초고층 인허가 관련 DB 구축
합리적 지원 시스템	· 인허가 서류 초기 단계에 제반 규정의 정확한 이해를 위한 지원 · 기술적 · 미학적 측면에서 중앙, 지방정부 법과 정책의 이해 지원 · 초기 인허가 지원 오류를 정확히 수정하고, 질을 높일 수 있는 방안 제시
다양한 전문가 리뷰 체계	· 중복되지 않으면서 몇 단계에 걸쳐 수평적 · 수직적으로 다양한 전문가에 의한 리뷰 · 민감한 현안의 경우 해당 기관 및 전문가와 토의가 가능한 구조 · 인허가 과정에서 해당 분야 전문가의 의견이 충분히 반영될 수 있는 구조
지역주민 참여시스템	· 지역 주민의 다양한 의견이 개발사업자에게 전달 가능하고, 디자인에 반영 가능한 구조 · 지역 주민이 수렴한 의견이 최종 인허가를 위한 평가 요소로 작용하는 구조
도시 및 지역 발전에 기여	· 인허가 과정이 도시 및 지역 발전을 위한 아젠다를 수용하도록 전략적으로 활용 · 초고층건물 개발이 지역 커뮤니티, 공공 공간, 보행 환경, 경관 등에 기여하도록 유도 · 초고층건물 개발이 도시 및 지역 발전에 기여할 경우 다양한 방식의 인센티브 제공

의견이 건축 주체에게 전달되고, 그 의견이 설계 및 시공에 반영될 수 있는 구조를 만들어야 합니다. 주민들의 의견을 수렴해 그것이 최종 인허가를 평가하는 요소에 반영되는 시스템을 만드는 것이 바람직할 것으로 보입니다.

여섯 번째, 초고층건축물이 해당 지역과 도시의 발전에 기여할 수 있는 구조를 만들어야 합니다. 모든 도시와 지역에는 그곳의 발전을 위한 주제(테마)가 있습니다. 초고층건축물이 그런 주제를 반영할 수 있다면 이상적이겠죠. 지역 커뮤니티나 공공 공간, 사람들의 보행 환경, 경관과 환경 등에 기여할 수 있도록 인허가 절차에서 이끌어내야 합니다. 초고층건축물 프로젝트가 이런 바람직한 결과를 만들어낸다면 결국은 사업자에게도 이익과 혜택이 돌아갈 것입니다.

초고층건축물에 대한 법과 제도가 가야 할 곳

초고층건축물은 투입되는 기술과 자본, 인력의 규모가 엄청납니다. 천문학적인 숫자라는 표현이 어색하지 않을 정도입니다. 설계부터 시작해서 마지막 단계까지 미흡한 부분이 있다면 그로 인해 생겨나는 부작용의 규모도 클 수밖에 없습니다. 만약 부작용이 생긴다면 그 영향은 건축을 담당한 측뿐만 아니라 지역 사회까지도 미칠 수 있습니다. 그러므로 미리 이에 대한 법안과 규제, 가이드라인 등을 정밀하게 만들어 놓아야 합니다. 건축 및 사업 주체뿐 아니라 관계 기관과 지방정부, 지역 커뮤니티와 주민들이 모두 관심을 가져야 하는 사안인 것입니다.

이런 법안들은 단순히 법과 제도 제정에 그치지 않고, 관련된 콘텐츠를 통합해 온라인 데이터베이스를 구축하는 것이 바람직합니다. 관련된 기술 분야나 인력이 다양하고 여러 분야에 걸쳐 있으니만큼, 여러 사람들이 법 · 제도를 제정하거나 시행할 때 공개적이고 자유롭게 접근할 수 있다면 큰 도움이 될 것입니다.

초고층건축물에 대한 여론이나 대중들의 인식은 정확한 정보나 객관적인 사실에 근거해야 합니다. 막연하거나 잘못된 정보 때문에 관련 기술을 오해하는 일이 일어나서는 안 되겠죠. 사실 우리 주위에서는 객관적이고 과학적인 근거를 무시하고 불분명한 오해를 확산시키는 사례도 적지 않습니다. 그런 오해를 막기 위해서라도 대중들이 정확한 정보를 공유할 수 있도록 하는 창구가 있다면 좋을 것입니다. 예를 들어 온라인상에 오픈 데이터베이스를 마련한다면 정보를 원하는 사람들이 누구나 쉽게 접근할 수 있습니다. 이런 시도는 초고층건축물에 대한 사회적 인식을 바꾸고 정책이나 제도를 바람직한 방향으로 이끌어나가는 역할을 할 수 있을 것입니다.

Chapter 5

초고층건축물에 패션을 입히다.

비정형 초고층건축의 구조를 우리 힘으로

초고층 구조가 가진 문제점은

초고층건축물에는 현대의 가장 수준 높은 하이테크놀로지가 적용됩니다. 하지만 기술 전문가들은 초고층건축물의 구조에서 두 가지 문제점을 지적합니다.

첫 번째 문제는 기둥입니다. 단층 건축물에서 기둥은 지붕의 슬래브만 지탱하면 됩니다. 하지만 층수가 높아지면 기둥이 받쳐야 하는 바닥 슬래브의 숫자가 늘어납니다. 결국 기둥이 견뎌야 하는 하중이 층수에 비례하여 커지면서 기둥이나 벽체의 단면적도 커질 수밖에 없습니다. 이러한 중력하중을 지지하기 위해서 기둥은 수직으로 서 있어야 합니다. 기둥을 기울어지게 설계한다면 중력하중을 지지하는 효율이 크게 떨어지고 단면적이 더 커져야 합니다. 기둥 단면적이 커지면 실내공간이 좁아지면서 공간 활용성이 떨어지게 되죠. 따라서 기둥이나 벽체의 단면적은 가능한 한 작게 만들어야 합니다.

또 하나의 문제는 바람이나 지진처럼 수평방향으로 작용하는 하중을 지지하는 것입니다. 고층건축물은 그림 5.1에 보는 바와 같이 지면에 막대기를 꽂아 놓은 형상입니다. 막대기의 한쪽 끝은 지반에 고정되어 있고 다른 한쪽 끝은 아무런 지지가 없는 것입니다. 이러한 상황에서 수평방향으로 태풍이나 지진이 작용하면 초고층건축물은 횡방향, 즉 수평방향으로 휘게 되고, 이러한 수평방향 하중이 건축물이 견딜 수 있는 한계를 넘어서면, 막대기가 부러지듯 건축물이 붕괴될 수도 있습니다.

수직방향에서 받는 중력하중과 수평방향으로 받는 바람 및 지진하중 어느 쪽이

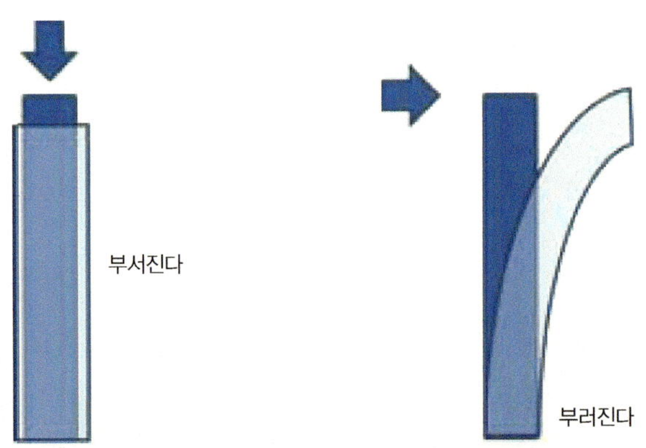

그림 5.1 구조물에 가해지는 힘의 방향에 따른 붕괴 유형

더 중요할까요? 초고층건축물처럼 층수가 높아지면 높아질수록, 수평방향의 하중에 대한 저항의 중요성이 더욱 커집니다. 앞의 그림에서 보듯 막대기 형상의 구조물은 길이방향으로 작용하는 힘에는 비교적 잘 견딜 수 있습니다. 변형도 조금만 생기죠. 하지만 오른쪽 그림처럼 옆에서 작용하는 하중에 대해서는 변형도 많이 생기고 지지점에서 부러지는 현상도 쉽게 발생할 수 있습니다. 공학적으로 볼 때 단층건축물과 대비하여 100층 건축물의 기둥에 작용하는 수직력은 100배 증가하는 반면, 단층건축물 대비 100층 건축물 지지점에 작용하는 부러지는 힘은 높이의 제곱에 비례하여 10,000배로 증가합니다.

수평방향 하중으로 건축물의 제일 높은 층에 발생하는 수평방향 변위는 건축물 높이 4제곱에 비례하여 급속히 증가합니다. 즉 높이에 따라 증가하는 비율이 급격히 커지죠. 이런 수평방향 변위가 일정 수준을 넘게 되면 건축물의 흔들림을 사람이 느끼고 내부 마감재에 변형이 생기는 등 사람이 거주하는 데 큰 불편이 생깁니다.

결과적으로 초고층건축물은 태풍이나 지진처럼 건축물의 수평방향으로 작용하는 힘에 대하여 견뎌냄과 동시에 수평방향으로의 움직임이 적절한 범위 이내에서 조절되도록 구조체를 설계해야 하고, 건축물 층수가 높아질수록 수평 저항구조체에 투자를 더 많이 해야 합니다.

수평방향의 하중에 저항하는 성능을 극대화하고 여기에 투입되는 비용은 최소화하는 기술이 초고층건축물 설계에서 역량을 좌우하는 핵심 기술이라고 할 수 있습니다.

자유로운 형태의 건축물이 늘어난다

2014년 봄, 과거 동대문 운동장이 있던 자리에 '동대문 디자인 플라자' 즉 DDP 건축물이 완공되었습니다. DDP 덕분에, 평소 건축에 대해 관심 없던 사람들도 이 건축물을 설계한 건축가 자하 하디드의 이름을 종종 듣게 되었습니다. 그의 건축에 익숙하지 않았던 사람들은 완성된 DDP의 형태를 무척이나 낯설어 했었죠. 사람들이 익히 보아온 반듯한 네모 모양이나 탑 같은 형태가 아니라 무슨 모양이라고 딱 꼬집어 말하기도 곤란한 건축물이 등장했기 때문입니다. 또한 새로 들어선 서울시

청 건축물 역시 어떤 모양이라고 표현하기 어려운 형태를 갖고 있습니다. 그래서 사람들 중에는 이런 건축물들이 무엇을 의미하거나 상징한다고 나름대로 의견을 내놓는 경우도 많았습니다.

20세기에 지어진 고층건축물은 육면체 형태가 기본이었습니다. 즉 네모 반듯한 상자 모양이었죠. 이는 단순한 형태로 경제성을 확보하는 것이 미덕이라고 보았던 모더니즘의 영향이었다고 말할 수 있습니다. 앞에서 말한 것처럼 건축물이 서 있을 수 있도록 뼈대 역할을 하는 기둥이나 벽체는 수직방향으로 곧게 서 있을 때 상부에서 누르는 하중을 가장 효율적으로 지지할 수 있습니다. 공사비도 상대적으로 적게 들어가지요. 건축물이 높을수록 기둥이 수직인지 아닌지는 더 중요해집니다. 기둥이 수직으로 서 있어야 한다는 기본 전제가 성립되어야 그림 5.2와 같이 고층 건축물이 상자처럼 반듯하게 올라갈 수 있기 때문입니다. 하지만 21세기의 건축물은 그와 달라졌다고 했습니다. 설계와 시공기술이 발전하고, 사람들의 취향과 요구가 다양해지면서 더 새롭고 개성적인 건축물이 들어서게 되었습니다. 새로운 세기, 세계 건축계에서는 자유로운 형태의 건축물을 건설해서 브랜드를 만들어내는 것이 화두가 되다시피 했습니다.

20세기 말인 1997년 완공된 스페인 빌바오의 구겐하임미술관은 유명한 건축가 프랭크 게리가 설계한 건축물이죠. 이 건축물은 자유로운 형태라는 현대 건축 트렌드를 만드는 데 기여했습니다. 미술관이 들어서기 전에는 관광객이 거의 없던 빌바오 지역이 구겐하임미술관 설립 이후 연평균 100만 명의 관람객이 몰리면서 '구겐하임 효과'라는 사회적인 현상을 낳았습니다. 1억 8000만 유로라는 사업비가 투자된 미술관 건축은 개관 10년 동안 16억 유로라는 관광 수입으로 이어졌지요.

빌바오의 구겐하임미술관 같은 건축물에서는 수직 기둥과 수평의 보를 구분하기 어렵습니다. 기둥은 수직이고 그 기둥 사이를 가로지르는 보는 수평이라는 우리의 관념에 혼란이 생기게 될 정도입니다. 이는 전통적인 건축공학 규칙들이 모두 무시된 설계입니다. 이런 건축물은 고려하고 계산해야 할 요소가 많기 때문에 설계하기도 힘들고, 건설 과정에서 상자형태의 건축물보다 몇 배의 노력과 공사비가 더 들어가고, 소요됩니다. 하지만 덕분에 세상에 오직 하나 밖에 없는 개성을 갖춘 건축물이 태어나게 됩니다. 지역의 랜드마크로 주목을 받으면서 건축물의 제 역할을 수행할 때, 경우에 따라 투입된 비용을 크게 넘어서는 가치를 만들기도 합니다. 그림 5.3 빌바오의 구겐하임미술관이 그런 사례였죠.

그림 5.2 시그램 빌딩

그림 5.3 빌바오 구겐하임박물관

비정형, 즉 정형적이지 않은 자유로운 건축 형태가 현대 건축계의 주요 흐름이 되면서 세계의 여러 주요 도시에 건설되는 초고층건축물에도 비정형적인 디자인이 많이 등장했습니다. 더구나 현대에 와서 고성능 컴퓨터가 등장하면서 건축가들이 계획했던 특이한 형태의 설계를 현실에 구현하는 것을 돕고 있습니다.

우리만의 선진 기술이 필요하다

세계 곳곳의 초고층건축물에 점점 비정형, 비대칭 형태가 많아지고 있다고 했습니다. 이는 건축가의 아이디어나 사람들의 미학적 감각만으로 가능한 것이 아니라 건설 기술과 구조 엔지니어링이 이 형태를 받쳐주어야 가능해집니다. 따라서 아마도 향후 건설 기술에서 중요한 첨단 기술을 꼽으라고 한다면 기존 건축 형태의 한계를 극복하는 기술이 되지 않을까요?

과거라면 건축가의 상상이나 스케치로 그쳤을 것 같은 특이한 비정형 건축 디자인이, 디지털 재현 기술 덕분에 현실 건축으로 구현됩니다. 어쩌면 기술이 발전하면서 그런 건축 디자인이 등장했다고 말할 수도 있습니다. 이제 비정형적인 형태의 건축은, 단순히 독특한 형태의 건축물을 만드는 데 만족하는 것이 아니라 이 디자인을 더 효율적으로 구현할 수 있는 기술을 모색하는 단계에 이르렀습니다.

비정형 디자인을 디지털로 재현하는 데에서 더 나아가, 비정형 형태에 적합한 안전한 구조를 만들 수 있는 구조공학 기술, 합리적인 수준에서 건설비용을 제어할 수 있는 설계 기술과 시공 관리 기술이 등장하고 있습니다. 비정형 건축물을 현실에 구현하려면, 일반적인 건축물을 시공할 때와는 달리, 관련 기술들의 수준에 따라 건축물의 안전성과 건설 비용에 큰 차이가 발생합니다. 따라서 이를 계산하고 관리할 수 있는 기술의 중요성도 커졌습니다.

그림 5.4 비정형 초고층건축물 사례

Sunrise tower, Marina Bay Sands, Dancing Tower, CCTV Headquarters/
Cayan Tower, Turning Torso, Lotte World Tower, Agbar Tower/
Al Hamra Tower, Solomon Tower, Menara Telekom, Dubai Marina

비정형 건축물이 많아지면서 건축 기술과 설계 과정, 시공 과정에도 변화가 일어났습니다. 즉 이 모든 과정에서 전산 프로그램 역할이 결정적이 된 것입니다. 국내에서 계획하고 있는 비정형 건축물의 설계 · 엔지니어링 업무는 대부분 해외 업체에 의존하고 있는 현실입니다. 하지만 이런 해외 기업이라 해도 시장을 독점할 수 있는 기술 개발을 완벽하게 마친 상태에 도달하지는 못했습니다.

비정형 건축물 설계에서 세계 시장을 장악하고 있는 영국의 아럽(Arup)사는 캐나다의 RWDI사와 부르즈 칼리 프로젝트로 유명합니다. 이 회사는 비정형 고층건축물을 설계할 수 있는 자신들만의 전산기술을 갖추고 있습니다. 한국에서도 롯데타워의 기초 설계를 담당한 바 있는 이 회사는 FII(Foresight, Incubation, Innovation)라는 독립적인 전산기술 그룹을 구성하여 CDO(Computational Design & Optimization)라는 기술을 자체적으로 개발했습니다. 이 기술들을 이용해서 수많은 건축 디자인을 빠르고 정확하게 검토하여 가장 적절한 해답을 찾아냅니다. 당연한 이야기겠지만 아럽에서는 이런 기술을 외부에 공개하지 않고, 본인들의 회사에서 주문받은 프로젝트들에만 독점적으로 사용합니다.

미국의 게리 테크놀로지(Gehry Technology)사는 자동차와 항공산업에서 사용되는 3D 설계 프로그램 카티아(Catia)를 기반으로 하여, 디지털 프로젝트(Digital Project)라는 파라메트릭 BIM 설계도구를 개발했습니다. 파라메트릭 설계란 건축물의 설계내용을 주요 설계변수(파라메터)와 수학적인 원리를 이용해서 표현하는 설계법입니다. 파라메트릭 설계법으로 기존의 직선적인 형태가 아닌 다채롭고 자유로운 형태를 현실에 실현할 수 있는 계기가 되었죠. BIM 설계 기술은 다차원의 가상공간에 건축 결과물을 미리 모델링해서 설계상 오류나 시공에서 발생할 수 있는 문제점을 사전에 파악할 수 있습니다. 디지털 프로젝트라는 툴을 활용하면 3차원 곡면 위에 있는 여러 개의 좌표점을 인식하여 구현하고, 이 입체적 형태를 현실에서 제작하기가 쉬워집니다. 이런 기술을 갖춘 게리 테크놀로지는 세계의 비정형 초고층건축물 프로젝트에 활발하게 참여하고 있습니다. 한국도 물론 이들의 사업 대상에 포함되죠. 가깝게는 동대문 디자인 플라자 프로젝트에 게리 테크놀로지가 참여하기도 했습니다. 비정형 건축물의 설계 및 엔지니어링과 관련된 이런 전문적인 신기술은 습득하기가 결코 쉽지 않습니다. 만약 우리나라가 자체적으로 관련 기술을 개발하지 않는다면, 선진 해외 기업들과의 기술 격차는 앞으로 점점 커질 것입니다. 당연히 외국 기업의 기술에 대한 의존도도 높아지는 결과가 생기겠죠.

초고층건축 분야의 시장 현황

현재 비정형 건축물의 설계와 엔지니어링 기술은 세계 시장을 이끌어가는 핵심적 기술입니다. 해외의 선진 기업들은 자체 기술을 개발하여 기업 내에 솔루션을 갖추고 이를 활용한 기술력으로 세계 시장을 독과점하고 있습니다. 한국의 IT 기술은 세계적 수준을 자랑합니다. 이런 우리나라가 IT와 건축 설계 및 엔지니어링을 결합시킨 전산프로그램을 개발할 전망은 결코 어둡지 않습니다. 한국이 이런 핵심 원천기술을 소유하게 된다면, 국내 건설산업이 세계 건설시장에 진입하는 데 유리해지고 값비싼 해외 설계용역에 대한 의존도도 낮출 수 있습니다.

국토교통부의 자료에 따르면 국내 건설업체의 엔지니어링 분야 세계시장 점유율은 2003년 0.16퍼센트, 2004년 0.21퍼센트, 2005년 0.7퍼센트, 2006년 1.6퍼센트로 미미한 수준입니다. 비정형 건축물 분야에서 국내 업체는 사실 해외시장은 물론 국내 시장도 거의 점유하지 못하는 실정입니다. 핵심 기술에서 해외에 의존하고 있기 때문이죠. 단순 시공 분야의 점유율 역시 지속적으로 하락 추세인데, 2012년의 경우 대기업 건설회사의 해외건설 수주 실적이 650억 달러였고, 중소전문건설사의 수주 실적은 7~8년 전 대비 절반으로 급감하였습니다. 건설시장의 고용 역시 정체 상황입니다.

국내 건설산업은 외형적 성장에도 불구하고 하이테크 분야는 건설선진국에, 로우테크 분야는 낮은 인건비를 내세우는 건설 장소 현지나 동남아시아 업체에 밀리는 전형적인 샌드위치 현상에 시달리고 있습니다.

초고층 설계기술 연구단에서는 세계 시장의 이런 상황에 관심을 두고, 첨단 IT 기술과의 융합으로 세계 수준과 같거나 그 이상의 수준에 이르는 '전산 최적 설계 기술'을 개발하고자 했습니다. 그로 인해 세계 초고층건설 시장에서 설계와 엔지니어링 분야에 진출할 수 있게 되기를 목표로 한 것입니다.

(출처: 나라지표, 해외건설협회)

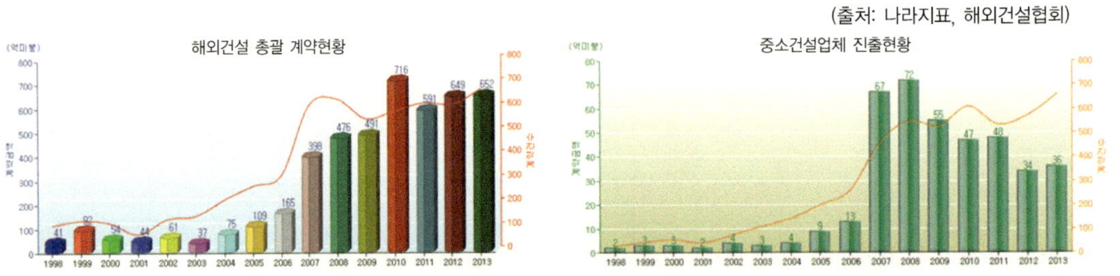

그림 5.5 국내 건설사 해외수주 실적 추이(좌: 대기업건설사, 우: 중소전문건설사)

비정형 건축물을 만들기 위한 설계법

현대의 초고층건축물은 비정형, 비대칭 형태가 유행이라고 했습니다. 이런 건축물들은 수직·수평의 기준선에 맞추어 배치되는 일반적인 건축물들과 달리, 공간 속에서 자유로운 각도를 가지고 입체적으로 배치됩니다.

이런 형태들을 실제 건축물로 구현하기 위해서는 복잡해 보이는 이 형태를 할 수 있는 데까지 최대로 수학적·논리적인 기하학 규칙으로 계산해 표현해야 할 필요가 있습니다. 디자인이 종이나 컴퓨터 화면 위의 평면적 그림이 아니라 실제 3차원에 구현되려면 그 디자인을 받쳐주는 합리적인 구조 시스템을 찾아야 하죠. 그런 과정이 끝나면 실제로 시공 가능한 부재 단위들로 구조체를 상세하게 설계한 다음 공장이나 시공현장에서 제작 가능한 데이터들로 이를 가공해내는 것이 순서입니다.

구조 해석 소프트웨어는 아직, 최신 디자인 소프트웨어의 발전을 따라잡지 못하고 있습니다. 현재 상용되는 구조해석 소프트웨어들로는 비정형 건축물 모델을 작성하기가 거의 불가능하거나, 작성한다 해도 효율이 매우 떨어지죠. 따라서 우리에게 주어진 짧은 시간 내에 비정형 구조체에 대한 다양한 대안들을 찾거나 최적화된 구조 시스템을 찾아내기는 현실적으로 매우 어려운 일입니다. 그런 상황에서 이 문제를 해결할 수 있는 방법이 새롭게 등장했는데 바로 매개변수, 즉 파라메트릭 설계법(parametric design)과 생성적 설계법(generative design)입니다. 이런 방법이나 용어는 전문 영역에 속하는 것이기 때문에 이 분야와 관련 없는 사람들에게는 어렵게만 느껴집니다. 일일이 내용을 깊이 알지는 못하더라도 건축을 수학적으로 해석해서 디지털 기술로 계산하여 재현하는 설계법이라고 알아두면 좋을 것 같습니다.

파라메트릭 설계 기법을 한 마디로 정의하면 매개변수들을 사용하여 형상을 기술하는 함수나 논리 관계를 정의한 후 거기에 따라 설계를 제어하는 방법입니다. 동적이고 규칙에 기반하고 있다는 특징을 지닌 방식인데요. 달리 말해, 형태를 생성할 때 사람의 손으로 하지 않고, 초기 입력 조건에서 주어진 알고리즘을 통해 자동으로 형태를 생성해내는 것이죠. 파라메트릭 기법은 알고리즘이나 함수, 수학의 논리를 적용해 비선형적인 구조체 형상을 가장 합리적으로 정의할 수 있는 방식을 찾아냅니다.

매개변수 설계법

매개변수 설계법은 어떤 형상을 정의하는 데 있어 일련의 상호 관련된 매개변수(dependent parameter)와 구속조건(constraint)을 통하여 해당 형상을 정의하는 방법으로서, 모델 상의 하나의 형상이나 수치를 수정하면 상호 관련 또는 구속된 다른 형상의 크기나 위치가 변하게 된다. 이러한 방법론은 복잡한 형태를 구성함에 있어서 다층적인 복잡성의 수준을 가진 복합체를 만들게 되고, 그 각각의 수준들은 그 구성원들 간에 또 상하 위계적인 계층 간에 서로 연결되어 영향을 미친다는 점에서 '연관적인 설계(Associative Design)'라고도 불린다. 매개변수 설계법은 그 구현에 있어서 구성이력 트리를 통한 단방향의 연관성을 가지고 구현되는 이력기반 시스템(history-based system)과 구성이력 트리가 없이 상호연관이 가능하고, 구속조건들을 동시에 풀어내는 구속조건 솔버를 통해 구현되는 방식(constraint solversystem)으로 나눠지며, 하나의 시스템 내에서 그 두 가지가 결합되어 구현되기도 한다.

생성적 설계법

생성적 설계법은 오늘날 다양한 디자인 영역(미술, 건축, 커뮤니케이션 디자인, 제품 설계 등)에 적용되고 있는 설계법으로서, 그 산출물-이미지, 소리, 건축 모델 등이 일련의 규칙들 또는 알고리즘(보통은 컴퓨터 프로그램)을 사용하여 생성된다는 것이 그 본질이다. 따라서 그것은 설계의 다양한 가능성을 탐색하는 신속한 방법이다. 일반적으로 생성적 설계는 설계전략(a design schema), 변형을 만들기 위한 방법(means of creating variations), 의도하는 산출물을 선택하기 위한 방법(means of selecting desirable outcomes)을 가지고 있다. 건축에 있어서 생성적 설계법(계산적 설계법(computational design)이라고도 한다)은 주로 형태 탐색(form-finding) 과정과 건축 구조의 시뮬레이션을 위해 응용되고 있다.

생성적 설계법이 점점 더 중요도를 더해가고 있는 이유는 주로 새로운 프로그래밍 환경(Processing 등), 또는 스크립팅 기능(라이노 스크립트, 그래스하퍼 등)의 발전에 기인한다. 이런 새로운 환경은 프로그래밍 경험이 거의 없는 설계자들이라도 비교적 쉽게 이러한 방식으로 그들의 아이디어를 구현할 수 있도록 해 준다. 생성적 설계법은 오늘날 많은 건축, 디자인 학교에서 가르치고 있으며, 건축과 디자인 실무에서 그 기반을 확립해가고 있다. 생성적 설계법은 생성적 모델이 종종 설계의 절차라는 점에서 생성적 모델링과 연결된다. 또 대부분의 생성적 설계법은 매개변수적 모델링에 기반한다.

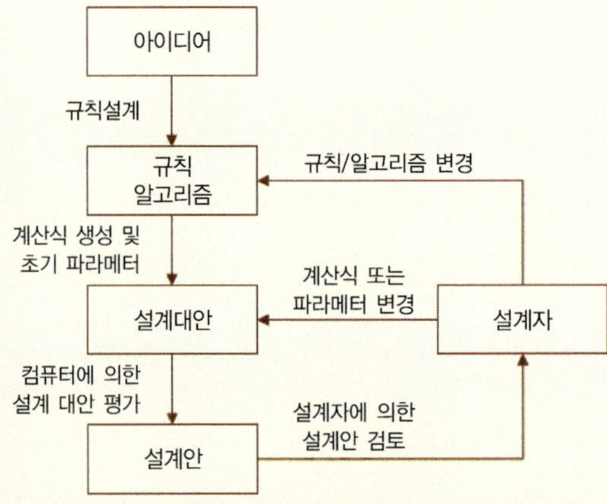

그림 5.6 생성적 설계법(http://en.wikipedia.org)

파라메트릭 기법은 등장한 이후 빠른 속도로 건축 설계에 활용되면서 널리 쓰이고 있습니다. 거기에는 이 기법만의 장점이 있기 때문입니다. 파라메트릭 기법은 고정된 좌표나 수치가 아니라 변수를 매개로 해서 설계 규칙과 논리를 정의합니다. 따라서 특정한 알고리즘 아래에서, 수많은 대안적 형상들을 만들어내는 것이 가능해집니다. 또한 이 기법은 많은 요소들이 반복적 패턴으로 배치되어야 하는 초고층이나 초대형 공간의 모델링에 특히 효율적이며 적합합니다.

이러한 파라메트릭 기법은 구조 시스템 설계에도 적용할 수 있습니다. 구조를 이루는 부재의 단면 형상과 치수 · 경계조건 · 구속조건 · 하중조합 같은 여러 정보들을 파라메트릭 기법으로 정의하고 관리할 수 있죠. 그후 이렇게 정의된 특정한 조건을 만족시키는 수많은 대안들을 만들 수 있습니다. 변수를 어떻게 설정하느냐에 따라 매우 세밀한 속성이나 형상 변화에 따른 수많은 대안을 비교 · 평가하고 최적의 방안을 이끌어낼 수 있습니다.

비정형 설계의 어려움

비정형 초고층건축물은 일반적인 형태의 건축물보다 설계 과정에서 어려움이 많습니다. 특히 비정형 건축물은 구조도 비선형이기 때문에 구조 시스템을 설계하는 과정도 복잡합니다.

우선, 형상이 비선형이기 때문에 하나의 구조 시스템 대안을 모델링 · 해석 · 설계하는 과정에서 많은 시간과 노력이 필요합니다. 따라서 여러 종류의 시스템 설계를 실험적으로 만들어내기도 어렵고, 그 대안들을 비교하는 것도 기술적으로 어렵습니다. 두 번째, 비선형 구조 시스템은 설계상 변수가 구조 성능에 어떤 영향을 미칠지를 예측하기가 쉽지 않습니다. 그래서 구조 시스템 대안을 여럿 생성해서 비교 검토하여 최적의 안을 찾는 시행착오 방식의 설계 기법을 이용해야 합니다.

이런 어려움을 극복하기 위해서는 어떤 기능이 필요할까요? 불규칙적인 비선형 형상을 기하학적 측면에서 합리적 · 효율적으로 모델링할 수 있어야 하고 단시간에 많은 안들을 생성할 수 있어야 합니다. 여러 대안들을 짧은 시간에 해석하고 그 결과를 비교 검토해서 최적의 방법을 찾아가야 하는 것이죠. 이런 과정들을 최대한 효율화하면 실제 작업에 들어가는 시간이 줄어듭니다.

초고층건축물의 규모를 고려할 때 한 개의 구조 시스템이 있다면 그 형상을 3D 모델로 재현하는 데 걸리는 시간, 구조체 반응을 해석하기 위해 무수히 많은 부재들에 속성을 부여하고 구조 해석 프로그램을 이용하여 해석하는 데 걸리는 시간은 상당합니다. 그런 상황에서 여러 가지 대안을 검토하여 시행착오 방식으로 적합한 형태를 찾기 위해서는 매우 복잡한 과정과 긴 시간을 거쳐야 합니다.

한편 구조체의 최적설계라는 개념은 아직 세계적으로도 알고리즘 제안 단계에 있습니다. 세계를 선도하는 기업들에서도 자체적인 기법을 개발하여 적용해나가는 실정입니다. 이 분야에서 표준이 될 만큼 완성된 기술이 없다는 이야기가 되겠지요.

새로운 구조설계 기법을 제안하다

초고층빌딩설계기술 연구단은 여러 해 동안의 연구 개발 끝에 초고층건축물 구조를 설계할 수 있는 최적의 기술을 제안하기에 이르렀습니다. 이 전산 설계 기술은 무수히 많은 구조 시스템 대안을 컴퓨터가 자동으로 생성하고 그 구조 성능을 평가하여 가장 우수한 설계안을 채택하는 전산설계 기술입니다.

이 구조 설계 자동화 소프트웨어는 파라메트릭기법을 이용하며, 스트라우토(StrAuto)라고 불립니다. 파라메트릭 기법으로 무수한 구조 모델들을 자동 생성하고, 건축물 형태를 제어하는 매개변수들을 관리하면서 해석 모델을 생성하고 변환하여 외부의 구조해석 솔버(solver)로 보낸 후, 해석 결과는 실시간으로 피드백을 받아 평가합니다. 생성과 동시에 평가가 일어나는 셈입니다.

스트라우토는 구조해석 모델을 완전하게 파라메트릭 기법으로 모델링해낼 수 있는 부분과 기존에 사용되고 있는 구조해석 프로그램과 연동할 수 있는 부분으로 이뤄져 있습니다. 파라메트릭 모델링 부분에서는 건축물의 형태, 건축 부재의 단면형태와 치수 등을 매개변수를 활용하여 수많은 모델로 자동 생성해냅니다. 외부의 솔버와 연동되는 제어 부분에서는 외부의 구조해석 패키지와 연동하여 자동적으로 구조를 해석해 그 결과를 실시간 추출하죠. 이를 통해 유전자 알고리즘, 시뮬레이티드어닐링(simulated annealing) 알고리즘에 기반한 자동 최적화가 가능해집니다.

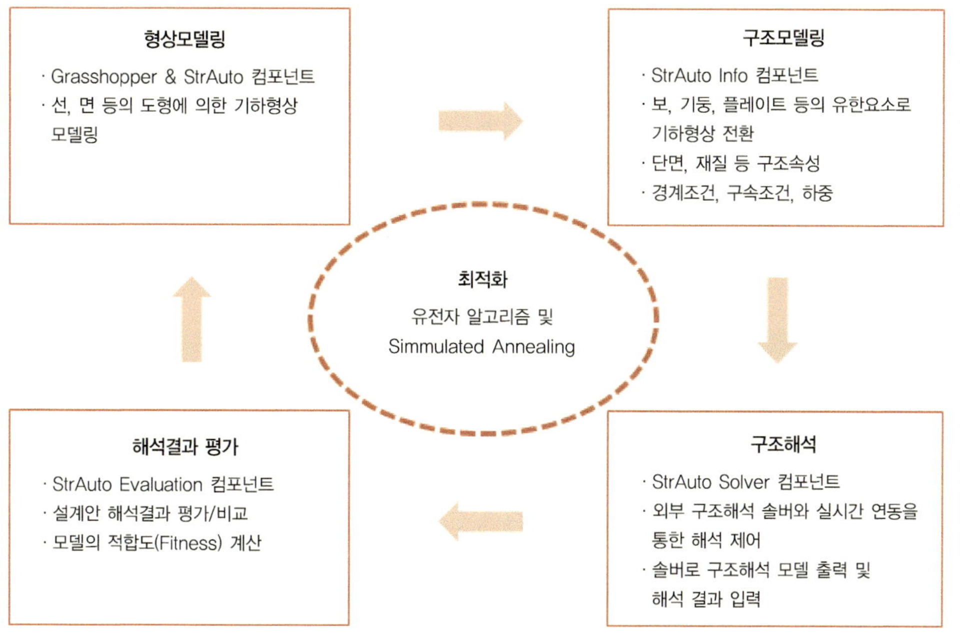

그림 5.7 스트라우토 기능 및 최적설계 프로세스

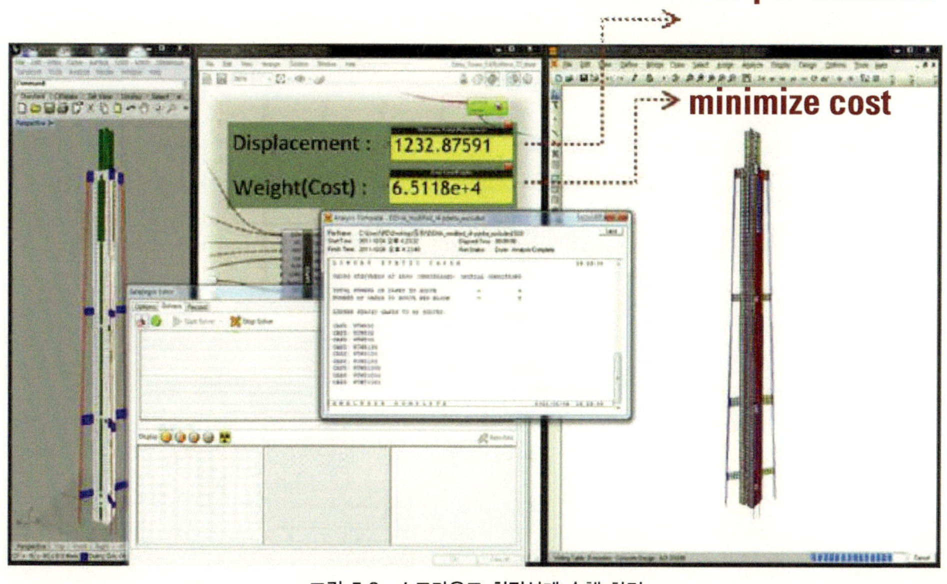

그림 5.8 스트라우토 최적설계 수행 화면

스트라우토(StrAuto)의 기능에서 핵심은, 자동으로 생성된 형상 모델과 해석 솔버 사이에서 반복적으로 데이터를 교환하는 데 있습니다. 만들어진 형상 모델이 해석 솔버로 가서 평가되면, 다시 이 결과가 형상 모델링 부분으로 간다는 말이죠. 즉 해석 솔버에서 받은 피드백 결과를 계속 비교 · 검토하여 스트라우토는 형태 모델을 진화시키고 끊임없이 해석을 반복하여 최적의 답에 가까워지는 것입니다.

기존에 있던 구조해석 프로그램을 이용했을 때 비정형 구조체의 모델링에는 1주일 이상이 소요되었습니다. 모델링에만 그 정도의 시간이 걸렸던 것입니다. 그런데 스트라우토를 이용하면 비정형 구조체에 대한 대안 수천 개를 몇 시간 안에 생성하고 해석하며 비교 · 검토하는 일까지가 가능해집니다. 참으로 대단한 진전이라고 할 수 있습니다.

스트라우토(StrAuto)

StrAuto는 또한 빠른 시간 안에 수많은 대안을 검토할 수 있는 기능을 극대화하기 위한 분산병렬 해석시스템(distributed parallel solver system)을 탑재하고 있다. 분산병렬 해석시스템은 진화적(evolutionary) 최적화를 수행함으로써 최적화 과정에 소요되는 비용을 획기적으로 단축한다. 수천의 디자인 대안들을 생성하고 그 성능을 평가, 최적안을 결정하는 과정은 컴퓨터에 의하더라도 수십 시간에 이르기까지의 시간이 소요될 수 있다. StrAuto는 유전자 알고리즘에 의해 새로운 대안들을 생성하고, 이후 Distributed Parallel Solver System에 의해 대안들을 평가하는 작업을 다수의 컴퓨터들에 분배하고 할당함으로써 동시에 수많은 디자인 대안들을 평가한다. 이러한 원리에 의해 단일 솔버 시스템을 이용하는 것과 비교해 10배에서 50배 가량의 속도 향상이 가능하며, 수십 시간에 이르던 기존의 최적화 비용을 몇 시간 이내로 단축할 수 있게 된다. 이 기술에 의해 StrAuto의 성능은 강력하게 향상될 수 있었다.

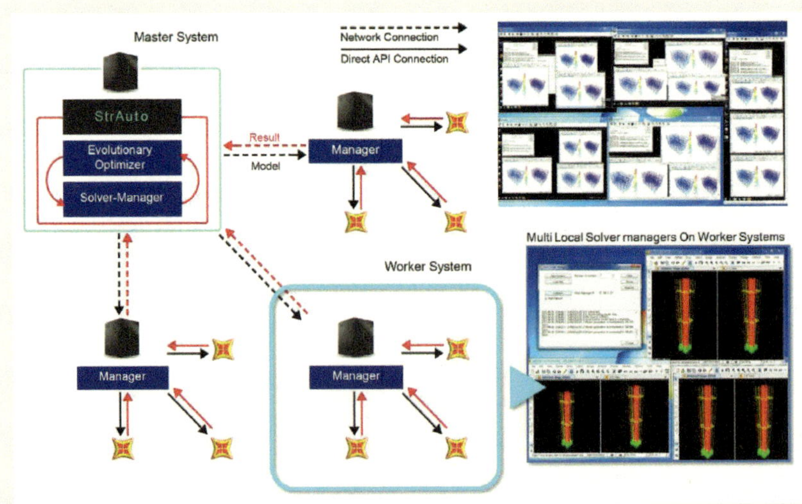

그림 5.9 스트라우토의 분산병렬 해석시스템

스트라우토 시스템이 이뤄낸 결과

세계적 건축가 도미니크 페로(Dominique Perrault)가 설계한 서울 용산의 블레이드 타워는 총 높이 292.50미터, 연면적 131,700제곱미터 규모의 초고층빌딩입니다. 기본 구조설계가 이미 끝난 53층 규모의 이 철근콘크리트 건축물을 대상으로 코어 벽체의 콘크리트 강도와 두께에서 가장 효율적인 방법을 찾기 위해 스트라우토 시스템을 사용해 보았습니다.

스트라우토는 기본 구조설계에서 나온 여러 구조 속성값들을 기준으로 계산에 들어갔습니다. 용산 블레이드 타워의 구조 설계 프로젝트에서는 내부 면적이나 평면에 미치는 영향을 최소로 줄이면서 코어 구조체, 즉 건축물 중심에 있는 구조체의 물량을 최소로 줄이는 것이 목표였습니다. 이런 목표를 달성하려면 코어의 벽체 콘크리트를 어떤 두께와 강도로 선택할 것인가의 해답을 스트라우토로 찾아본 것입니다.

스트라우토는 1차적으로 약 31.3퍼센트 수준까지 물량을 줄인 이상적인 해결책을 바탕으로, 현실적인 제약사항들을 구속조건으로 설정하고 2차 최적설계를 수행했습니다. 그 결과 기존의 물량을 약 18퍼센트 수준으로 감소시킨 최적의 대안을 도출할 수 있었습니다.

스트라우토가 건축물의 전체 구조뿐 아니라 부분 구조 설계에 적용된 사례도 있습니다. 모스크바 시티 가든의 기둥 구조를 설계하는 프로젝트가 그것입니다. 총 높이 285.2 미터인 초고층건축물의 기둥 단면 크기와 기둥 콘크리트 강도를 최적화하는 것이 목표였습니다.

시티 가든 기둥 설계 작업에서는 사전 구조 설계 단계에서 부재의 면적을 최소화하기 위해 스트라우토 컴포넌트를 추가로 개발하였습니다. 새로운 컴포넌트가 적용된 최적설계 결과, 시티 가든 기중의 부재 부피 및 중량을 원안의 88.73퍼센트 수준으로 감소시킬 수 있었습니다. 당연히 비용과 작업 양쪽의 효율성이 상승했고, 비용은 원안의 87.19퍼센트 수준으로 감소했습니다.

앞으로가 더 기대되는 기술

세계 여러 곳에 실재하는 초고층건축물을 대상으로 실험을 실시한 결과 우리나라의 초고층빌딩연구단에서 개발한 비정형 전산설계 플랫폼인 스트라우토가 가지고 있는 많은 능력이 검증되었습니다. 이 프로그램을 이용했을 경우에 비용 절감 비율과 효율성 증가 비율이 꽤 높은 수치를 기록했습니다. 더구나 짧은 시간 안에 그런 결과를 도출할 수 있었던 것은 스트라우토 프로그램의 큰 장점입니다.

예를 들어 카타르의 수도 도하에 있는 국제 컨벤션 센터를 대상으로 구조 시스템 설계와 내부 구역 지정 등을 스트라우토 기법을 이용해 다시 설계했을 때 최적의 답을 얻기까지 불과 12시간 밖에 걸리지 않았습니다. 그동안 해외 선진국에 의존했던 비정형 초고층건축물의 설계 및 엔지니어링 원천 기술을 국내 기술로 확보했기에 기술 자립을 실현했다는 의의 역시 매우 큽니다. 우리나라가 관련 분야에서 세계 수준의 기술 경쟁력을 갖추게 된 것이죠.

스트라우토 전산 플랫폼이 개발된 후 현재까지 실제로 많은 해외 초고층 건축 프로젝트를 계속 수주하고 있습니다. 이런 사실이 아직 한국 내에서는 잘 알려져 있지 않지만 여러 나라에서 한국의 비정형 초고층건축물 설계 기술 플랫폼의 기술력을 인정하고 있는 상황인데요. 안정되고 효율적인 성과를 빠른 시간 안에 도출하면서 비용 절감 효과까지 기대할 수 있다는 스트라우토가 국내는 물론 국제적인 기술 브랜드로 자리잡는 첫 단계입니다.

한국에는 아직도 첨단기술이나 선진기술은 국내보다 외국의 것이 더 우월하다는 편견을 가진 사람들이 있습니다. 물론 우리가 초고층 건축 관련 기술의 세계 현황에서 보았듯이, 많은 분야에서 선진국들이 기술적인 우세를 보이고 있습니다. 하지만 그들을 부러워하기만 해서는 아무런 변화도 일어나지 않습니다.

초고층빌딩연구단에서 우리 힘으로 개발한 새로운 기술이 이미 고부가가치 엔지니어링 분야의 세계 시장에 진출하고 있습니다. 또한 이 연구단의 지원으로 첨단 IT기술에 기반한 비정형 초고층 엔지니어링 분야에서 세계 시장 경쟁력을 갖춘 IT 융합 건설 기술 컨설팅 회사를 만들기도 했습니다. 비정형 초고층 건축 설계라는 부문에서 한국 기술은 이제 세계 시장을 확고하게 선도하는 위치를 향해 한발 한발 나아가고 있습니다.

Chapter 6

국산 고성능 강재로 초고층을 짓는다.

강철보다 더 강한 강철을 만들자

인류의 역사를 만들어온 금속, 철

역사책이나 드라마 등에서 우리는 고대에 '철'을 가진 부족들이 당대의 패권을 잡는 모습을 많이 보아왔습니다. 철기시대 이후 인류와 함께 해온 금속인 철은 18세기, 특히 산업혁명 이후 생산과 수요가 폭발적으로 증가했습니다. 현대인의 생활은 철과 관련되지 않은 분야가 없다고 할 수 있을 만큼 철은 일상생활부터 방위산업, 항공 우주 산업에 이르기까지 광범위하게 쓰입니다.

철이 건축에 사용된 것은 제철 기술이 발달한 이후인 18세기부터였습니다. 당시에는 기술 수준이 높지 않았고 철의 품질도 오늘날처럼 우수하지 못했기 때문에 건축현장에서 나무 부품의 일부를 대신하여 철을 쓰는 정도였다고 하죠. 철이 본격적으로 건축재료로 사용된 것은 19세기 프랑스에서부터였음은 에펠탑 이야기에서 보았습니다.

철은 이전에 사용하던 석재에 비해 묵직함이나 안정성은 떨어졌지만, 돌에 비해 건축하기가 쉽고 (당시에는) 비용도 적게 들었기 때문에 점차 활용도가 높아졌습니다. 그러나 그때의 사람들은 여전히 철은 아름답지 못하다는 인식을 가지고 있었고, 따라서 철을 건축물의 외관에 쓰려 하지 않았습니다. 건축 내부나 보이지 않은 곳에 사용했던 것입니다.

건축물에서 철에 대한 인식이 완전히 바뀌게 된 것은 역시 프랑스 대혁명 100주년 기념으로 열린 1889년 파리 세계박람회의 상징, 에펠탑 건립 이후였습니다. 높이 312미터의 철탑인 에펠탑에는 약 7300여 톤의 철골이 소요되었다고 합니다.

어떤 다른 재료도 쓰이지 않고 오직 철로만 지어진 에펠탑 등장 이후 철은 본격적으로 건축의 주재료가 되었습니다. 이전까지 크게 인식하지 못했던 철의 단단함과 편리함이 알려지면서 많은 건축가들이 철에 관심을 가지게 되었습니다.

철의 등장과 고층건축물

철이 건축에 널리 적용되면서 생긴 가장 큰 변화라면 건축물의 고층화를 들 수 있습니다. 나무나 돌로 짓는 건축물은 높이가 올라가려면 건축물의 밑바닥 면적이 넓어져야 합니다. 재료의 강도 문제 때문이죠. 고딕 성당처럼 돌을 이용해 높은 건축물을 지으려면 얼마나 많은 기술이 필요한지 우리는 앞에서 살펴보았습니다. 그러나 그 고딕 성당도 사람이 살거나 일하기에 적합한 형태는 아니었지요.

철은 같은 무게의 콘크리트와 비교해 약 7배 이상의 무게를 지탱할 수 있습니다. 이에 따라 철을 사용한 고층건축물들이 점점 늘어난 것도 당연하다고 할 수 있겠죠. 1885년 고층건축물의 선구자인 윌리엄 르 바론 제니(William Le Baron Jenny)가 설계한 10층의 홈 인슈어런스 빌딩이 시카고에 건립되었습니다. 이 빌딩을 시작으로 미국 시카고파 건축가들이 새로운 건축 형태의 강구조, 즉 철골구조 건축물들을 지었습니다. 1908년 베들레헴 철강 회사(Bethlehem Steel Company)에서 H형 철강을 생산하기 시작합니다. 이와 더불어 새로운 건축구조 시스템도 등장하게 되었죠. 더 가볍고 단단한 부재로 건축물을 지을 수 있었기에 건축물의 고층화가 촉진된 것입니다. 뉴욕 크라이슬러 빌딩(1930), 엠파이어스테이트 빌딩(1931) 등이 이런 철골구조를 이용한 초고층건축물입니다.

우리나라에서 철이 건축물에 처음 사용된 때가 언제인지는 분명하지 않습니다. 하지만 1910년 준공된 덕수궁 석조전의 지붕과 바닥, 1925년 완공된 서울역 역사(당시 경성역), 1926년에 경복궁 일부를 헐고 들어선 조선총독부 청사의 지붕 등에 부분적으로 철이 적용된 것을 볼 수 있습니다.

해방 후 H형 철강을 사용한 고층건축물들이 들어서게 되었습니다. 1968년 완성된 서울해운센터빌딩(한진빌딩)은 국내 최초의 철골구조 건축물로 기록됩니다. 1970년대에 포항제철에서 고품질의 철을 생산하게 되면서 한국의 고층빌딩 건설도 활기를 띠었습니다. 삼일빌딩, 대우빌딩, 동방생명빌딩 등의 사례가 있죠. 1980년대의 대한생명빌딩, 즉 63빌딩과 1987년의 한국종합무역센터(코엑스) 등이 철골 구조의 초고층빌딩으로 뒤를 이었습니다.

한국에서 많은 초고층건축물이 뿌리를 내릴 수 있었던 것은 포스코에서 생산되는 우수한 철 덕분이기도 하다. 포스코는 1968년 포항종합제철(주)로 설립되었고, 2002년 3월 15일 포스코로 사명을 변경하였다. 국내 최초의 고로(高爐 ; 용광로) 업체로서 포항제철소와 광양제철소 등 2개의 제철소를 보유하고 있다. 포항의 제철소는 1970년 4월 1일, 광양제철소는 1985년 3월 5일에 착공하였다. 양대 제철소의 연간 조강 생산능력은 현재 포항의 경우 1,500만 톤, 광양 1,800만 톤으로 총 3,300만 톤에 이르며, 2009년 연간 조강 생산량은 포항 1,434만 4,000톤, 광양 1,518만 6,000톤으로 총 2,953만 톤을 기록하였다.

초고강도 강재가 왜 필요할까

초고층건축물은 건축물이 높아질수록 건축물 자체의 하중과 바람의 하중, 지진 하중도 크게 증가합니다. 그에 따라 건축물의 아랫부분에서 작용하는 하중이 커지고 건축물 부재의 크기도 커지게 되죠. 일반 건축물에 비해 높은 안정성과 내구성이 필요한 초고층건축물의 효율을 높이기 위해서는 건축에 쓰이는 강재나 콘크리트 같은 구조 재료의 강도와 성능을 높여야 합니다.

일본은 강재 부문의 선진국으로 꼽힙니다. 일본의 경우 이미 1970년대부터 토목과 조선 분야에 최소 인장강도 780MPa(1MPa은 cm^2당 10kg의 하중을 견딜 수 있는 강도)급 강재를 사용해왔습니다. 또한 건축용 고강도 강재 및 이를 이용한 신구조 시스템을 개발하기 위해 2006~2007년에 780MPa급 건축구조용 강재를 개발하여 규준으로 제정하였습니다.

국내에서도 2000년대 이후 고강도 철강이 건축에 쓰이기 시작했습니다. 인장강도 600MPa급 SM570TMC의 강재가 2007년 44층 높이의 서울 서초동 삼성타운에 적용된 것을 비롯하여, 305미터의 초고층건축물인 인천 송도 동북아무역센터, 185미터의 높이로 역시 인천 송도에 들어선 포스코건설 신사옥, 서울 송파구 문정동의 동남권 유통단지(가든 파이브) 등에 쓰였습니다. 이런 고강도 철강에 대한 수요는 점차 증가하고 있지만 아직 사용 비율이 아주 높지는 않습니다. 철강 선진국인 일본에 대비할 때 국내의 고강도 철강 사용 비율은 77% 수준이지요.

만약 이 고강도 철강의 사용 비율이 높아진다면 초고층건축에 어떤 이로운 점이 있을까요? 잠실 롯데월드타워 프로젝트의 철골 부재 기술을 예로 들어 보겠습니다. 이 건축물에 현재 쓰인 것처럼 600MPa급 강재를 적용하면, 건축물 하층부의 기둥은 대부분 두께가 100밀리미터를 초과하게 됩니다. 이런 기둥의 두께를 줄이기 위해 가장 효율적인 방법의 하나가 바로 철골구조를 고강도 강재로 바꾸는 것입니다.

초고층 빌딩 연구단에서는 세계 시장에서 기술적인 우위를 차지하기 위해 고강도 철강을 만드는 기술 개발에 돌입하였습니다. 2009년 국토해양부와 건설교통과학기술평가원이 진행한 첨단 도시 개발 사업 초고층 복합빌딩 분야 '저탄소 고성능 재료기술 개발' 과제를 위해서 RIST 강구조 연구소와 포스코의 공동 연구로 고성능 강재의 개발이 시작된 것입니다.

더 강한 철강재를 만들기 위하여

고성능 강재를 개발하는 과정에서는 반드시 여러 차례 성능을 실험해야 하는 것이 당연합니다. 하지만 초고층건축물에 쓰일 고성능 강재의 성능을 실제로 적용하여 실험하기는 생각보다 쉽지 않습니다. 초고층건축물은 한 번 지어지면 사용 수명이 길고 상주인구가 보통 2만 명 이상이 되기 때문에 수직 도시라고도 할 수 있을 정도죠. 고성능 강재로 초고층건축물을 시공해 놓고 그 결과를 알아보는 것이 현실적으로는 거의 불가능하다고 볼 수 있습니다.

또한 초고층건축 시장은 성향상 보수적일 수밖에 없습니다. 막대한 예산을 투입해야 하는 사업이니만큼 그렇겠지요. 따라서 새로운 기술을 적용하기 보다는 이미 검증된 안전한 기술을 쓰고 싶어하는 경향이 있습니다.

새로운 고성능 강재를 적용하려면 새로 짓는 초고층건축물이 있어야 합니다. 그러나 최근 여러 해 동안 세계적인 금융 위기의 여파와 건설경기 침체가 이어지는 상황에서 새로운 철강 기술을 적용할 대상 건축물을 찾기는 더욱 어려웠습니다. 그런 외부적인 어려움 속에서도 세계 최고 품질의 강재를 개발하기 위한 연구는 이어졌고, 결국 총 3차 시제품 생산을 통해 소재 성능을 지속적으로 테스트하면서 실험적 검증 자료를 축적해 나갔습니다.

초고층빌딩연구단과 포스코에서 개발한 고강도 강재 HSA800은 초고층건축물을 짓기에 적합한지를 알아보기 위해 수많은 테스트를 거쳤습니다. 재료를 끌어당겨 균열이 일어나는 정도를 테스트하는 인장시험, 건축 구조물 바깥에서 힘이 작용할 때 변형되는 정도와 상태를 알아보는 테스트를 비롯하여 개발 과정보다 더 길고 복잡한 시험 과정을 거친 것입니다.

또한 이 고강도 강재는 건축물의 뼈대를 짓는 데 들어가야 하기 때문에 용접성도 좋아야 합니다. 강재에 충격이 가해졌을 때 용접 부분에 문제가 생기지 않아야 하죠. 일본 등지에서 발생했던 지진 피해 사례를 살펴보면 철골 건축 피해의 대부분이 용접 부분에서 발생하는 것을 볼 수 있습니다.

초고층빌딩연구단과 포스코에서 새롭게 개발한 고강도 강재인 HSA800의 테스트 과정에는 당연히 용접 성능을 검증하는 실험도 포함되었습니다. 그리고 실험 결과 모두 규정 이상의 성능을 기록했습니다.

새로운 고강도 철강, 현장에서 활약하다

여러 성능 검사를 거친 끝에 새로운 고강도 강재 HSA800이 초고층건축물에 필요한 내진성, 연쇄 붕괴에 대한 저항력, 용접성, 강도, 고강도 강재로서의 신뢰성 등을 모두 갖추었음이 밝혀졌습니다. 이런 고강도 강재가 건축물에 쓰이게 되면 기존의 강재와 비교할 때 물량을 획기적으로 줄일 수 있습니다. 적은 양으로도 같은 강도, 어쩌면 더 높은 강도를 유지할 수 있기 때문입니다. 실제로 초고층건축물의 아웃리거 부재를 대상으로 고강도 강재를 사용한다고 가정해서 설계해 보았을 때, 기존에 사용되던 다른 고강도 강재인 SM570TMC보다 철강재의 물량을 무려 30%나 절감할 수 있었습니다. 무사히 실험을 마쳤으니 그 다음으로는 건설 시공 현장에서 고강도 철강을 시범적으로 사용할 차례였습니다. 2011년 8월, 우선 9층 규모의 서강대학교 인공광합성센터 신축 공사에 시범적으로 HSA800을 적용하면서 성능을 모니터링했습니다. 이와 함께 50층 규모의 실제 건축물을 대상으로 대안 설계를 진행하여 고강도 강재를 적용했을 경우 어떤 효과가 나타나는지도 살폈습니다.

2014년 부터 서울 잠실에서 시공 중인 롯데월드타워에 2400톤의 HSA800 강재를 적용하게 되었습니다. 지상 123층, 지하 6층 규모로 건설중인 이 건축물은 완공되면 세계에서 세 번째로 높은 건축물이 됩니다. 이 건축물에서는 아웃리거 수평 부재, 벨트 트러스, 호텔층 외곽부 기둥 등에 고강도 철강이 쓰였습니다.

롯데월드타워에 이렇게 HSA800를 적용하면, 약 1,100톤의 강재를 절약하게 됩니다. 기존 물량과 비교해서 28%를 줄이는 것이죠. 또한 이 고강도 강재를 쓰면 부재 두께도 줄어들기 때문에 용접 물량과 중량이 줄어들면서 시공에도 도움이 되고 경제성도 높아집니다.

뿐만 아니라 HSA800 강재는 청라 시티 타워에서 가장 중요한 구조 시스템인 다이어 그리드와 메가 브레이스에 쓰일 예정이기도 합니다. 확실한 경제성과 높은 효율을 보이고 있는 만큼 앞으로 더욱 많은 국내외 초고층건축물에서 HSA800을 찾게 될 것은 당연한 일입니다. 이미 세계적으로 높은 평가를 받고 있는 한국의 철강기술에 새로운 가능성이 또 하나 열린 것이죠.

또한 HSA800 강재는 비단 초고층건축물만이 아니라 내구성과 경제성을 필요로 하는 건축이나 구조물에는 어디에나 널리 쓰일 것으로 기대를 모으고 있습니다.

고강도 철강재의 밝은 미래

HSA800 개발의 가장 큰 수확이라면, 향후 100년 이상 사용할 수 있는 초고강도 소재를 한국의 기술로 직접 만들었다는 점입니다. 한국산 철강의 경쟁력이 또 한 단계 높아진 것입니다.

이 강재의 효율성과 경제성은 앞에서 이미 살펴보았습니다만, 여기에 더해 강도에 대비했을 때 구조체의 무게가 줄어들면서 한 번에 들어올릴 수 있는 부재의 길이가 증가하기 때문에 공사기간이 줄어든다는 이점도 있습니다.

건축물 사용자 입장에서도 고강도 강을 사용하는 것이 유리합니다. 고강도 강재가 쓰이면서 기둥 같은 주요 부재의 단면이 줄어들고, 사용자들은 공간을 더 넓게 쓸 수 있게 되기 때문이죠. 또한 고강도 강재는 환경적으로도 이롭습니다. 건축물에 소요되는 강재의 양이 줄어들면 그만큼 철강 생산이나 운반에 쓰이는 이산화탄소 배출도 줄게 되기 때문입니다. 전 지구적으로 철강 자원이 한정된 상황에서 강재의 강도가 높아진다면 그만큼 천연자원을 아끼면서 더 오래 사용할 수 있다는 장점도 있습니다.

초고층빌딩연구단에서 새롭게 개발한 고강도 강재는 건축물의 형태를 더 다양하게 만드는 데도 기여할 수 있습니다. 철골구조의 강도가 더 높아지면 건축물 디자인도 여러 가지 제약을 덜 받게 됩니다. 새로운 강재 덕분에 더 다양하고 아름다운 실내 공간은 더 넓고 강도는 더 높아진 건축물이 등장하게 된 것입니다.

Chapter 7

초고층건축의 핵심, 초고강도 콘크리트

강력한 콘크리트로 건축물 무게를 줄여라

콘크리트란?

콘크리트를 모르는 사람은 아마 없을 것 같습니다. 현대인 가운데 콘크리트를 접하지 않고 하루를 보내는 사람도 거의 없지 않을까요? 오늘날 콘크리트는 사람들의 주생활에서 빼놓을 수 없는 가장 중요한 요소로 자리잡고 있으니 말입니다. 하지만 콘크리트가 무엇인지 정확하게 설명할 수 있는 사람은 얼마나 될까요?

콘크리트는 시멘트, 물, 모래, 자갈과 필요에 따라 첨가하는 혼화재료를 함께 비벼 만든 것 또는 이것이 경화(硬化), 즉 굳어서 된 것이라고 한국콘크리트학회에서는 정의합니다. 콘크리트를 구성하는 물질을 살펴보면 다음과 같습니다.

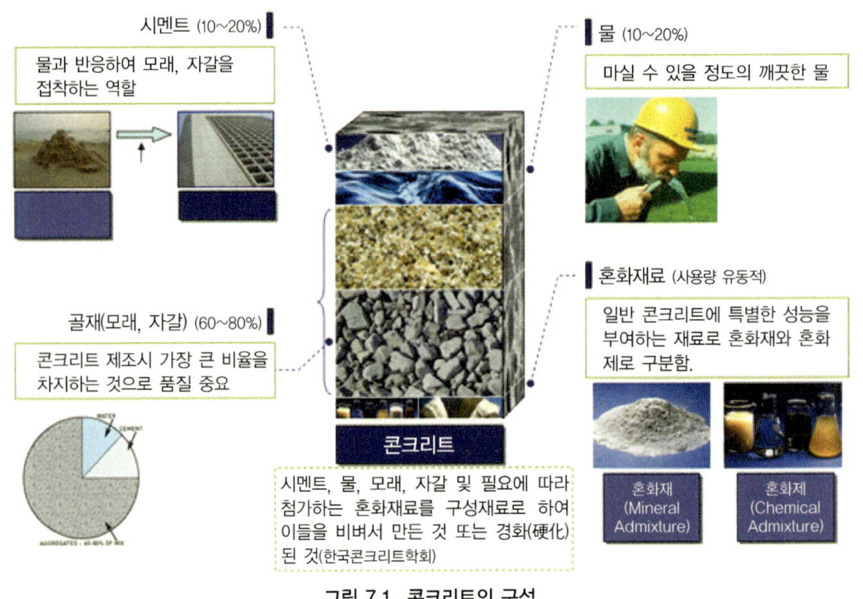

그림 7.1 콘크리트의 구성

① 시멘트 : 물과 반응하여 모래, 자갈을 접착하는 역할을 합니다.

② 골재(모래, 자갈) : 콘크리트의 제조에서 가장 큰 비율을 차지하는 것으로, 이 재료의 품질에 따라 콘크리트가 달라집니다.

③ 물 : 마실 수 있을 정도의 깨끗한 물이 필요합니다.

④ 혼화 재료 : 일반 콘크리트에 특별한 성능을 부여하는 재료를 말한다. 혼화재(Mineral Admixture)와 혼화제(Chemical Admixture)로 구분합니다.

최초의 콘크리트는 언제 어디에서 사용되었을까요? 알려진 바에 따르면 이집트 피라미드의 외장 석재 표면에 석고 모르타르를 발랐다고 합니다. 이후 기원 전 2세기경 로마시대 판테온신전(서기 126년 건설)에 사용된 것이 콘크리트의 시초라고 할 수 있습니다. 그후 1824년 영국의 조셉 아스프딘(Joseph Aspdin)이 시멘트를 발명한 것이 현대 시멘트의 기초가 되었는데, 시멘트의 색상이 포틀랜드(Portland) 섬 채석장의 돌과 비슷하다고 해서 '포틀랜드'라고 명명하였다고 합니다.

시멘트는 본격적으로 사용되기 시작하면서 곧바로 건설 분야에서 제일 많이 사용되는 재료 중 하나가 되었습니다. 2009년 기준 전세계 콘크리트 소모량은 250억 톤에 이르는데, 이는 지구에 사는 사람들이 1인당 약 3.7톤의 콘크리트를 사용한 것으로 계산할 수 있습니다(세계지속가능발전기업협의회의 통계 자료).

얼마 전 『현대 세계 만들기-물질과 빗물질화(Making the Modern World: Materials and Dematerialization)』라는 책에서 저자 바클라프 스밀(Vaclav Smil)은 매우 흥미롭고 약간 충격적인 사실을 이야기했습니다. 2011년부터 2013년까지의 3년 동안 중국에서 사용한 시멘트가 지난 100년(1901년~2000년) 전체 기간 동안 미국에서 사용한 시멘트보다 더 많다는 사실입니다. 미국의 기업가 빌 게이츠가 2014년 가장 기억에 남는 책 가운데 한 권으로 이 책을 꼽기도 했는데요, 빌 게이츠 역시 이 사실에 대한 놀라움과 통찰을 개인 블로그에 밝힌 바 있습니다. 이런 사실은 중국에서 일어나는 건설경기가 어느 정도 규모인지를 여실히 보여줍니다. 또한 현대의 건축과 도시문명이 결국은 콘크리트에 기반하고 있다는 점 역시 이런 조사 결과를 통해 짐작할 수 있습니다.

콘크리트의 생애

보통 인간의 생애주기는 태아기, 유아기, 청소년기, 성인기, 노년기로 나뉩니다. 콘크리트의 생애 역시 이와 비슷하게 나눌 수 있어서 흥미롭습니다. 태아기부터 노년기까지 콘크리트의 생애를 살펴보면 다음과 같습니다.

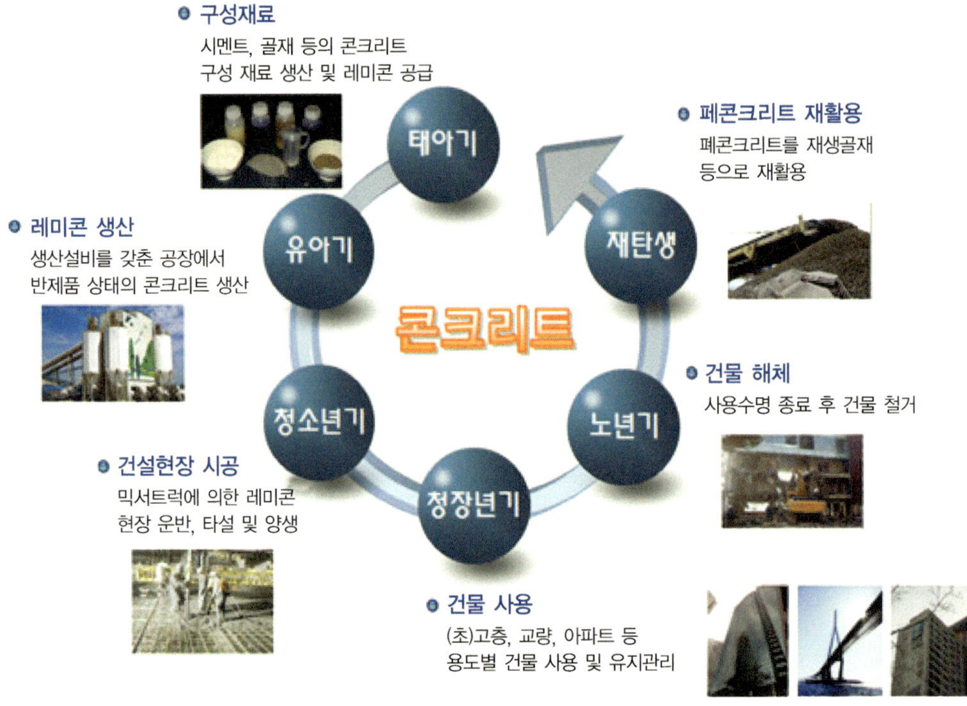

그림 7.2 콘크리트의 생애

① 태아기(구성 재료) : 시멘트, 골재 등의 콘크리트 구성 재료를 생산하고 레미콘에 공급하는 시기를 말한다.

② 유아기(레미콘 생산) : 생산 설비를 갖춘 공장에서 반제품 상태의 콘크리트를 생산하는 과정이다.

③ 청소년기(건설 현장 시공) : 믹서트럭으로 레미콘을 현장에 운반하고 타설 및 양생하는 과정이다.

④ 성인기(건축물 사용) : (초)고층, 교량, 아파트 등 용도별 건축물에 적합하게 콘크리트를 사용하고 유지 · 관리하는 과정이다. 건축물을 구성해서 사람들에게 이용되는 시기이다.

⑤ 노년기(건축물 해체) : 건축물의 사용 수명이 종료된 후 건축물을 철거하는 시기를 의미한다.

⑥ 재탄생(폐콘크리트 재활용) : 폐콘크리트를 재생골재 등으로 재활용하는 시기를 말한다.

콘크리트와 고강도 콘크리트

굳지 않은 콘크리트는 좀 흐물흐물해 보입니다. 이 상태를 유동성이 있다고 말합니다. 이 유동성은 작업의 어려움(workability)과 관련됩니다. 콘크리트가 얼마나 유동성이 있느냐에 따라 작업이 얼마나 편리한지가 달라지는 것이죠. 굳고 난 후, 즉 경화된 콘크리트의 성능은 콘크리트의 압축강도로 표현할 때가 많습니다. 압축강도는 구조물에 작용하는 하중을 견딜 수 있는 성질을 의미합니다. 구조물이 완공된 이후에 콘크리트에 필요한 성능은 바로 내구성(Durability)입니다. 구조물이 사용되는 동안 콘크리트의 구조를 저하시키는 중성화, 염해, 동결융해(얼었다 녹는 것) 등의 여러 외부요인에 견딜 수 있는 능력을 말합니다.

콘크리트가 건설현장에서 널리 쓰이는 이유는 무엇일까요? 첫 번째로 사용 재료를 구하기가 쉽다는 점을 들 수 있습니다. 시멘트의 재료인 석회석, 콘크리트의 재료인 물과 모래나 자갈 등은 광물자원으로 어렵지 않게 구할 수 있죠.

콘크리트의 두 번째 장점은 성형성(Plasticity)이 우수하다는 것입니다. 반제품인 콘크리트를 이용하면 구조물을 다양한 형상과 크기로 쉽게 성형할 수 있습니다.

세 번째로 콘크리트는 가격이 저렴하며 이용하기 편리합니다. 현장에서 사용되는 재료 중에 가장 저렴한 비용으로 가장 쉽게 이용할 수 있는 재료이죠.

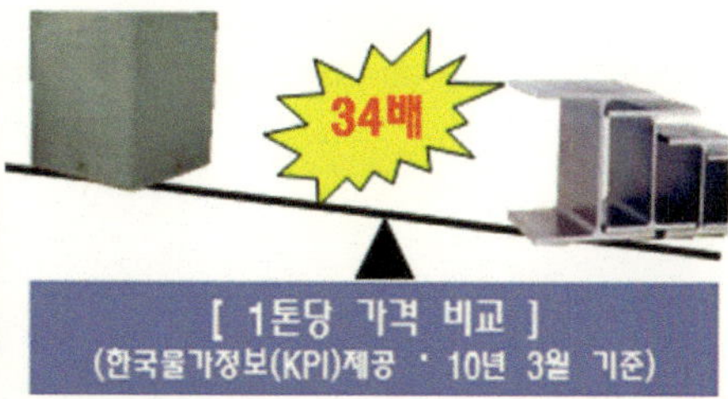

그림 7.3 콘크리트의 가격 경쟁력

고강도 콘크리트(high strength concrete)와 초고강도 콘크리트(ultra-high strength concrete)를 명확히 분류하여 정의하기는 어렵습니다. 보통은 물과 시멘트의 비율을 낮춰서 얻어지는 콘크리트를 고강도 콘크리트라고 정의합니다. 고강도 콘크리트는 설계 기준강도를 기준으로 할 때 40~80MPa, 물/시멘트비 25~45% 정도의 콘크리트입니다.

또한 초미분말 같은 혼화재를 섞어 넣은 고강도 콘크리트를 초고강도 콘크리트라고 정의하는데, 시멘트와 혼화재를 합해 결합재라고 부릅니다. 초고강도 콘크리트는 설계 기준강도에서 볼 때 대략 100MPa 이상, 물/결합재 비율 25% 이하의 콘크리트로 정의됩니다. 초고강도 콘크리트는 물/결합재의 비율이 20% 이하일 때 주입해서 성형할 수 있습니다. 현재는 200MPa 정도의 고강도 콘크리트를 실용화하는 시도가 행해지고 있습니다.

고강도 콘크리트 사용이 국내 · 외적으로 급증하고 있다. 고강도 콘크리트는 일반적으로 40MPa 이상을 말하며, 50~70층 규모의 건축물에는 40~60MPa, 100층 이상의 건축물에는 70MPa~100MPa의 사용이 추진되고 있다(1MPa는 $1cm^3$당 100kg의 하중을 견딜 수 있는 강도임).

고강도 콘크리트 기술의 기본 개념은 바쉬(Bache)가 제안한 DSP(densified system containing homogeneously arranged ultra-fine particles) 재료에서 비롯되었다고 할 수 있습니다. 같은 시기에 Birchall에 의해 제안된 MDF(macro-defect cement) 시멘트가 있다. 이것은 물/결합재비 10~15% 정도에서 twin-roll로 혼련하고 프레스 성형하여, 곡강도가 180MPa 정도까지 도달하였다. 그러나 실제로 PVA(폴리비닐알코올) 등의 수용성 고분자와 알루미나 시멘트 또는 메틸셀룰로오스와 보통 포틀랜드 시멘트와의 복합체인 관계로 주입성형이 불가능하고 내수성이 떨어지며 수축이 커서 실용화까지는 이르지 못했다. 이에 비하여 DSP 재료는 다량의 고성능감수제 작용에 의해 물/시멘트비를 저하시키는 것에 의해 시멘트 입자의 충전성을 향상시키고, 더욱이 그 공극에 0.1μm 정도의 초립자를 치밀하게 집어넣어 분체의 충전성을 현저하게 향상시킨 것으로 주입성형이 가능하다.

또한 잘 분산된 실리카흄은 물과 같은 역할을 하여 유동성을 향상시키는 것으로 알려져 있다. 그러나 당시에는 보통 포틀랜드 시멘트와 실리카흄 및 나프탈렌계 분산제의 조합이었다. 그러나 현재 실용화되고 있는 고벨라이트 시멘트-폴리카르본산계 고성능(AE)감수제 조합이 아니었기 때문에 입자의 분산성이나 충전성이 다를 가능성도 있다. 그러나 기본적으로 수화와 강도발현기구는 거의 유사한 것으로 보고되고 있다. 초고강도 콘크리트를 사용함으로써 얻게 되는 장점은 다음과 같다.

① 부재 단면 감소에 따른 공간활용 제고
② 수입 원자재인 철골 대체로 경제성 제고
③ 내구성 증가로 구조물 수명 연장
④ 조기강도 확보로 거푸집 탈형 시기 단축

보통 강도의 콘크리트를 사용할 때는 건축물이 높아지면 건축물의 무게가 증가하면서 낮은 층의 기둥이나 벽체 같은 수직 부재 단면이 커지고, 사용되는 철근 양도 따라서 증가됩니다. 이렇게 부재의 단면이 커지면 콘크리트를 타설하기도 어려워지고 당연히 건설 비용도 올라갑니다. 또한 부재 단면이 커지면 사람들이 이용할 수 있는 사용 면적이 줄어들면서 건축물의 경제성도 떨어지죠.

이런 단점을 없애고 초고층구조 시스템의 효율을 높이기 위해 고강도 콘크리트가 필요합니다. 초고층 건축물의 수직 부재에 고강도 콘크리트를 사용하고, 건축물의 무게 증가에 큰 영향을 미치는 수평 부재에는 고강도 경량 콘크리트를 사용하면 건축물의 내구성도 증가하고 건축물 무게는 줄어들 수 있습니다.

고강도 콘크리트를 사용하면 압축강도가 높아져 부재의 단면이 축소됩니다. 즉 더 작은 부피의 부재를 만들 수 있다는 이야기죠. 물론 무게도 줄어듭니다. 콘크리트의 초기 강도가 높아지면 현장에서 타설할 때 거푸집을 더 일찍 제거하여 공사진행을 빠르게 할 수 있습니다.

경제적 측면에서 보더라도 고강도 콘크리트는 건축 비용 절약에 큰 도움이 됩니다. 단위면적에 따른 철강재와 콘크리트의 부가가치는 30:1에 달한다고 하죠. 즉 강재를 사용할 때보다 콘크리트를 사용할 때 비용을 30분의 1로 줄일 수 있다는 이야기입니다. 따라서 다양한 수직, 수평의 구조 시스템이 필요한 초고층 구조물에서 주요 구조 부재에 고강도 콘크리트를 사용하면 안전성과 경제성, 내구성을 함께 확보할 수 있을 것입니다.

초고강도 콘크리트의 역사

콘크리트의 강도를 증진시키고자 하는 노력은 콘크리트가 개발된 후 끊임없이 추진되었습니다. 이런 노력은 주로 미국과 유럽을 중심으로 펼쳐져 왔습니다. 고강도 콘크리트의 개발을 주도했던 미국의 경우 1950년대에 강도 35MPa 이상의 콘크리트를 고강도로 분류하였고, 1960년대에 들어서자 강도 40~50MPa의 콘크리트가 사용되었습니다. 1980년대에는 70MPa 이상의 콘크리트를 사용한 건축물이 시공되었으며, 1988년 시카고에 80MPa의 고강도 콘크리트를 사용한 78층 빌딩이 건설되었죠.

이후 초고층 시장의 수요는 아시아로 이동했습니다. 1998년 말레이시아 페트로나스 타워(88층, 453m)에 80MPa의 콘크리트가 시공되고, 2004년에는 타이페이금융센터, 즉 101타워가 완공되었습니다. 이후 중동 지역에서 초고층 건축의 건설 붐이 일어났는데, 현존하는 세계 최고의 부르즈 할리파(160층, 829.8m)에는 80MPa의 고강도 콘크리트가 사용되었습니다. 이 콘크리트는 3일의 공정이라는 최단 공기 수행으로도 주목을 받았죠. 국내에서는 1985년 여의도 트윈타워에 강도 28MPa의 콘크리트를 사용했던 것을 시작으로, 1990년대 초에는 분당 등의 5개 신도시에 강도 30MPa의 콘크리트를 사용하면서 콘크리트의 고강도화가 본격적으로 시작되었습니다.

이 당시 국내 고강도 콘크리트 기술력의 한계였던 40MPa 강도를 넘어 강도 50MPa의 콘크리트를 실용화하기 위해 한양대학교-삼성건설 간의 산학협동이 실시되었습니다. 이 결과 1990년 8월에 분당 시범단지 삼성아파트의 지하층에 50MPa의 콘크리트를 시험적으로 타설하여 성공적인 결과를 기록했습니다. 1995년에는 신대방동 28층 빌딩의 지상 1층에 120MPa의 콘크리트를 성공적으로 시험 타설할 수 있었습니다. 이 시기가 고강도 콘크리트에서 초고강도 콘크리트로 한 단계 업그레이드된 시점입니다.

세계 시장의 상황

초고강도 콘크리트는 미국, 캐나다, 프랑스, 호주, 일본 등의 나라에서 1980년대 말부터 연구가 시작되었는데, 1990년 후반부터는 초고강도와 내구성 등의 성능을 갖춘 콘크리트를 본격적으로 개발하기 시작했습니다. 2000년대에 들어서면서 초고층건축물에 적용할 수 있는 콘크리트 기술을 개발하기 위해 일본과 동남아시아의 여러 국가에서 초고강도 콘크리트를 연구하고 있습니다. 즉 정리해 보면 1980년대까지는 미국이 기술 발전을 주도하다가 1990년대에는 유럽에서 RPC(Reactive Powder Concrete)를 활용한 초고강도 콘크리트, 일본에서 순수 RC조에 적용하는 초고강도 콘크리트 개발을 각각 주도해오고 있습니다.

한국에서도 여러 건설사에서 초고강도 콘크리트의 개발 경쟁이 치열합니다. 특정 프로젝트에 적용할 수 있는 맞춤형 초고강도 콘크리트 개발도 한창이며, 콘크리트의 강도가 100MPa 시대를 뛰어넘은 지도 상당한 시간이 지났습니다.

우리나라에서도 1970년대 여의도 시범아파트, 남산 외인아파트, 압구정 현대아파트 같은 주거 건축을 시작으로 고층건축물이 들어서기 시작했습니다. 1997년 외환위기 이후 대림산업의 도곡동 46층 주상복합 건축물, 삼성물산의 도곡동 타워팰리스 III, 현대건설의 목동 하이페리온, 포스코건설의 메타폴리스 등으로 국내에서도 초고층건축 건설 붐이 일어나게 되었는데요. 주상복합 아파트의 초고층화가 1970년대 이후 국내 초고층건축을 선도하고 있다고 할 수 있습니다.

지난 2009년 6월, 대림산업은 한라콘크리트 및 라파즈 한라시멘트, 이코넥스, 한국 그레이스와 함께 275MPa 수준의 초고강도 콘크리트 제조 기술 개발에 성공했다고 밝혔습니다. 이 콘크리트에는 새로운 기술의 시멘트(New OPC, Oridinary Portland Cement)가 사용되었습니다. 이에 앞서 2008년에는 GS건설이 240MPa, 포스코건설이 250MPa급의 초고강도 콘크리트를 내놓았습니다. 특히 포스코 건설은 2008년 12월초 한일시멘트, 렉스콘 등과 공동으로 250MPa급 초고강도 콘크리트를 개발했다고 발표하기도 했습니다. 포스코건설은 이 기술을 초고층건축물을 비롯해 해양구조물, 초장대 교량 등에 적용할 계획이라고 밝혔습니다.

또한 2007년, 포스코건설은 쌍용양회와 공동으로 개발한 200MPa급 초고강도 콘크리트를 경기도 화성 동탄지구 메타폴리스 현장의 실부재에 적용했습니다. 포스코건설이 밝힌 기술의 핵심은 골재와 4종의 시멘트를 사용한 혼합 시멘트의 적정 배합비에 있었습니다. 이 사례에서 골재로 제주도산 현무암 골재를 이용했던 점이 독특합니다. 또한 포스코건설은 인천 송도 더샵 퍼스트월드 주상복합빌딩에 80MPa 콘크리트를 7,000m^3 타설하는 등 고강도 콘크리트 기술 개발 부문에서 강한 의욕을 보이고 있습니다.

같은 해인 2007년, 대우자동차판매가 포스코건설, 쌍용양회 등과 공동으로 울산 태화강 엑소디움 주상복합 건축물 부재에 150MPa급 콘크리트를 타설하기도 했습니다. 특히 이 현장은 쌍용양회가 초고강도용으로 생산한 프리믹스 특수시멘트와 현지에서 조달할 수 있는 골재를 함께 사용하여 레미콘 공장에서 대량으로 생산한 콘크리트를 현장 타설했다는 점에서 관련업계의 주목을 받았습니다.

한편 고강도 콘크리트의 내화 성능 기술 개발도 활발합니다. 유기 섬유 등을 넣어 화재 시 온도가 상승해도 콘크리트가 폭발하지 않도록 하는 내화 콘크리트는 렉스콘을 비롯해 유진기업, 현대산업개발, 풍림산업, 쌍용양회, 코오롱건설 등이 개발에 나서서 고강도 콘크리트 내화성능 인정을 취득했습니다. 2009년 8월, 포스코건설은 내화성능과 건축재료를 시험하는 공인 인증기관인 일본건축총합시험소(GBRC)에서 200MPa급 초고강도 콘크리트 내화성능 인증을 취득해서 화제가 되었습니다. 당시 포스코건설 측에서는 쌍용양회의 고강도 콘크리트용 결합재 기술과 코오롱의 섬유보강 분산제가 코팅된 폴리아미드 섬유를 접목해 시공성과 폭렬방지 성능을 대폭 향상시켰다고 설명했습니다.

삼성물산(주) 건설 부문에서는 1990년대 고강도 콘크리트 연구의 초기 단계부터 고강도 콘크리트의 개발과 실용화를 이끌었습니다. 도곡동 타워팰리스 1차 현장(66층, 234m)에 강도 50MPa, 말레이시아의 페트로나스 타워(92층, 453m)에서는 큐브 강도 기준으로 80MPa의 고강도 콘크리트를 적용하였고, 타워팰리스 3차 현장(69층, 261m)에 80MPa의 고강도 콘크리트를 적용하는 등 초고층 구조물에 고강도 콘크리트 기술을 활발하게 적용해왔죠. 2006년에는 목동 트라팰리스 지하 4층에 150MPa 초고강도 콘크리트를 타설하였고, 2008년에는 부르즈 할리파에 80MPa 고강도 콘크리트를 601.7m 수직 압송하여 세계 최고 압송 기록을 달성하기도 했습니다.

강도 100MPa 이상의 초고강도 콘크리트 연구도 활발해지고 있습니다. 국토교통부에서는 1km 극초고층 빌딩의 시공을 위한 150MPa 이상의 초고강도 콘크리트 개발에 착수하였습니다. 시작 당시 150MPa로 계획되었던 연구는 200MPa의 초고강도 콘크리트를 목표로 하는 도전적인 자세로 진행되었습니다.

새로운 초고강도 콘크리트 제조기술을 개발하라

80MPa의 강도를 자랑하는 고강도 콘크리트가 개발되어 수직 800m 높이가 넘는 건축물이 시공된 이후, 인류는 더 높은 수직 1km의 빌딩을 꿈꾸는 단계에 이르렀습니다. 초고층빌딩의 골조는 예전에는 철골구조가 일반적이었습니다. 하지만 철

골구조는 비용이 많이 들어 경제성이 낮은 반면 지진이나 바람 등에 취약한 약점이 있습니다. 근래에는 철골구조가 아닌 철근콘크리트구조로 시공하기 위해 초고강도 콘크리트에 대한 관심이 더욱 커지고 있습니다. 각 건설사에서 경쟁적으로 연구를 진행하는 상황인데, 특히 한국과 일본을 중심으로 초고강도 콘크리트의 연구가 급속도로 발전하고 있습니다.

일본에서는 2009년 다케나카 건설에서 상온양생 설계강도 200MPa의 초고강도 콘크리트를 실용화하였고, 2010년 디이세이건설에서 '가열 양생에 의한 프리캐스트 제조 방법' 으로 300MPa의 초고강도 콘크리트를 개발하였습니다.

국내에서는 삼성물산(주) 건설 부문에서 상온양생을 기준으로 150MPa의 초고강도 콘크리트 개발을 완료하였으며, 가열양생에 의한 200MPa 이상의 초고강도 콘크리트 개발도 완료하였습니다. 국내외 초고강도 콘크리트 개발은 강도 개발에 초점이 맞추어져 경쟁이 진행되는 상황입니다. 하지만 초고강도 콘크리트를 실제로 초고층 구조물에 적용하기 위해서는 초고강도 콘크리트가 개발되는 데 그쳐서는 안 됩니다. 현장에서 타설할 수 있어야 하며, 현장타설의 경우 시공을 위해 펌프를 통해 압송할 수 있어야 하죠. 또한 초고강도 콘크리트에 화재에 대한 저항 성능인 내화(耐火)성능도 확보되어야 합니다.

한국에서 삼성물산(주) 건설 부문의 경우는 2006년 목동 트라팰리스에서, 포스코건설의 경우 2008년 동탄 메타폴리스에서 펌프 압송에 의한 초고강도 콘크리트의 타설을 성공적으로 마쳤습니다. 내화 성능 확보라는 측면에서 두 기업의 제품들은 1,200℃에서 3시간의 내화성능을 보여주었습니다.

최근에는 부르즈 할리파에서 초고강도 콘크리트의 601.7m 수직 압송했다는 결과가 언론에 보도되었습니다. 이에 따라 초고층 구조물 시공에 관심이 있는 기업들 사이에서 초고층 펌프 압송에 대한 연구가 활발히 진행되고 있는데요. 롯데건설의 경우 잠실의 제2롯데월드 시공이 진행되면서 수직 압송에 대한 관심이 증대되었습니다. 그 결과 80MPa의 고강도 콘크리트로 600m 수평 압송 실험을 실시하였죠. 현대건설도 100MPa의 고강도 콘크리트를 대상으로 1.5km 수평 압송 실험을 실시하였습니다. 삼성물산(주) 건설 부문에서는 2009년 6월에 국내 최고수준인 200MPa 초고강도 콘크리트에 대한 1.0km 펌프 압송 시험을 성공적으로 마쳤습니다.

삼성물산(주) 건설 부문 기술연구소는 2009년 8월부터 "슈퍼콘크리트 실용화 기술 개발"을 진행하였습니다. 상온양생 200MPa 초고강도 콘크리트 기술 개발을 목표로 한 이 연구는 2011년 기술 개발을 완료했습니다. 이 초고강도 콘크리트는 삼성물산(주) 건설 부문이 인도 뭄바이에서 시공중인 월리타워(Worli Tower)와 싱가포르에 건설중인 UIC타워에 시범적으로 적용되었습니다.

이렇게 치열한 기술 개발 노력 덕분에 한국의 기술로 초고강도, 높은 압송성능, 높은 내화성능을 함께 갖춘 콘크리트가 생산되어 현장에서 쓰이고 있습니다. 이제 기술로 200층, 1000m 이상의 초고층 구조물도 시공할 수 있게 될 것입니다. 세계 최초의 고강도 콘크리트 기술력은 한국이 확보하고 있습니다.

Chapter **8**

현장의 재료와 공법이 달라지고 있다.

강화 콘크리트 개발과 거푸집 기술

거푸집이란?

콘크리트를 실제로 건축에 적용하기 위해 필요한 것이 바로 거푸집입니다. 거푸집의 원리는 우리가 집에서 얼음을 얼리는 과정을 생각하면 쉽게 이해할 수 있습니다. 얼음은 어떤 모양의 틀에 담아 얼리느냐에 따라 모양이 바뀌죠. 마찬가지로 콘크리트를 건설에 쓸 때에는 일정한 모양과 크기의 조립된 틀, 즉 거푸집에 넣어 원하는 강도로 굳혀서 씁니다. 콘크리트가 굳고 나면 거푸집은 해체합니다. 말하자면 거푸집은 가설시설물이라고 할 수 있겠죠.

건축물을 짓는 과정에서 거푸집 공사 과정은 이렇습니다. 먼저 계획단계에서 거푸집을 건축물 형태에 맞춰 어떻게 배치할 것인지를 결정합니다. 공사단계에서는 배치도에 따라 거푸집을 조립하고 그 위에 철근을 배근한 후 콘크리트를 부어 넣습니다. 콘크리트가 충분히 굳으면 거푸집을 해체하고, 이렇게 해체한 거푸집을 다시 위층의 공사를 위해 옮겨서 다시 사용합니다. 이런 과정을 한 층씩 반복하면서 건축물 형태가 완성되는 것입니다.

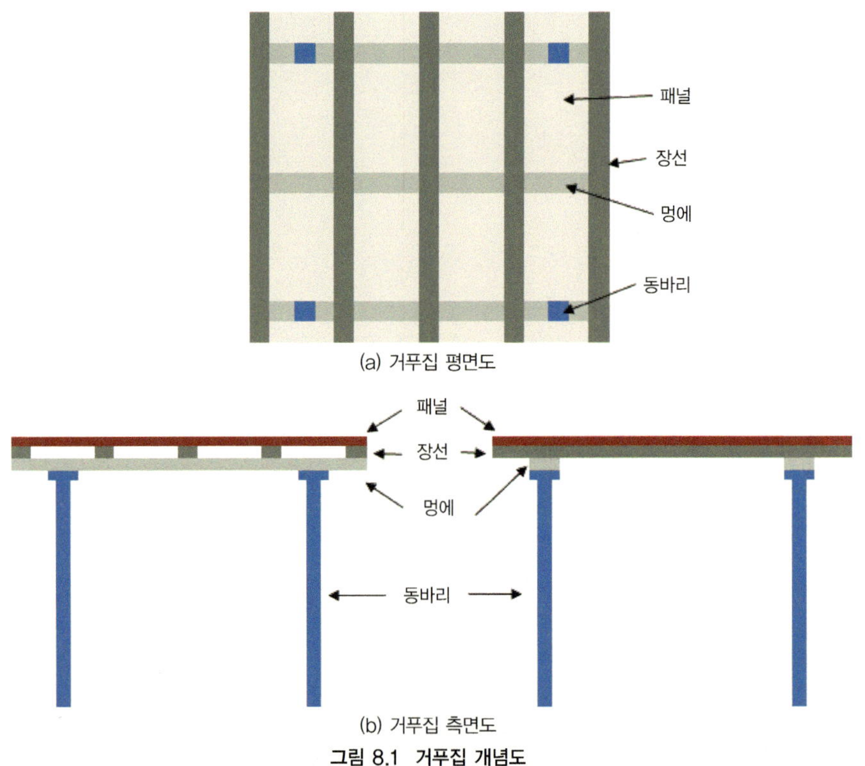

그림 8.1 거푸집 개념도

표 8.1 거푸집 변천과정 및 특성

구분	거푸집 특성	
제1세대 거푸집	2차 세계대전 이전에 사용되어 온 합판 거푸집	
	장점	① 거푸집 제작을 위한 원재료비 저렴 ② 재료 구입 용이 ③ 다양한 형태로 변형 가능
	단점	① 인력과다 소요로 인한 단가/인건비 상승 ② 재료 손실 과다 ③ 낮은 전용횟수 및 품질 유지의 어려움
제2세대 거푸집	2차 세계대전 이후 철제 및 알루미늄을 이용한 거푸집	
	장점	① 1세대 거푸집 대비 전용횟수 상승 ② 사전제작을 통한 신속한 조립 및 해체 가능
	단점	① 규격화로 인한 형태 변형의 어려움 ② 인력과다 소요로 인한 단가/인건비 상승
제3세대 거푸집	장비를 사용하여 조립 · 해체하는 시스템 거푸집	
	장점	① 기계화공법으로 인력 절감 가능 ② 신속한 조립 및 해체를 통한 공사기간 단축 ③ 안전성 및 생산성 향상
	단점	① 장비 비용 상승

*손영진(2012), 철근 콘크리트 구조 설계시 시공성 검토의 중요성, 한국콘크리트학회지

시대가 발전하고 기술이 발달하면서 모든 분야의 기술이 첨단화 · 자동화되고 있습니다. 거푸집공사 역시 마찬가지입니다. 작업자가 더 빨리, 더 편리하게 작업할 수 있도록 거푸집 기술도 계속 발전해왔습니다. 거푸집의 변천을 역사적으로 살펴보면 1세대(목재 거푸집)부터 3세대(시스템 거푸집)까지 발전되어온 것을 알 수 있습니다.

1세대 목재 거푸집은 주로 합판을 이용했습니다. 소재가 저렴하다는 장점이 있으며 제2차 세계대전 이전부터 쓰여 왔죠. 목재를 이용하기 때문에 재료를 구하기도 쉽고, 건축물의 특성에 맞춰 현장 인력들이 직접 제작하여 사용하기 때문에 다양한 형태로 변형이 가능하다는 장점도 있습니다. 그러나 이런 형태의 거푸집을 제작하기 위해서는 현장에서 일하는 인력들이 계속해서 거푸집을 만들어야 하기 때

문에 숙련된 인력이 지나치게 많이 필요하다는 단점이 발생합니다. 인력이 많이 필요하면 자연히 건설을 위한 인건비가 상승됩니다. 또한 나무로 거푸집을 만들게 되면 다시 사용할 수 있는 횟수가 제한적이기 때문에 재료 손실도 많이 일어납니다.

나무로 만든 거푸집 이후에 개발된 2세대 거푸집은 유로폼이나 알루미늄폼 같은 핸드셋 거푸집(사람이 손으로 운반하고 설치할 수 있는 거푸집)입니다. 지난 수십 년간 한국의 다양한 건설 현장에서 폭넓게 사용되어 왔는데요, 오늘날에도 아파트나 빌라 같은 일반 건설 공사 현장에서 쉽게 찾아볼 수 있습니다. 2세대 거푸집은 1세대 거푸집에 비해 프레임이 더 단단해졌기 때문에 재사용 횟수가 높습니다. 또 공장에서 일정한 직사각형의 규격으로 사전에 제작되어 나오므로 숙련된 기술자가 아니라도 누구나 신속하게 조립하고 해체할 수 있죠.

이런 2세대 거푸집도 인력, 즉 사람의 역량을 중심으로 작업이 진행되는 것은 마찬가지입니다. 따라서 현장에서 어떤 사람들이 작업을 하느냐에 따라 결과가 많이 달라질 수밖에 없겠죠. 게다가 건축물의 평면이 곡선 형태일 때에는 사각형으로 규격화된 2세대 거푸집을 깔기가 어려워집니다. 곡선이나 비정형 건축물이 늘어나는 추세인 현재의 건설 현장에서 아무래도 2세대 거푸집은 한계가 많다는 말이 됩니다. 이럴 경우 건설 현장에서는 1세대, 즉 합판 거푸집을 건축물의 형태에 맞게 현장에서 추가로 제작하여 사용하곤 합니다.

1세대와 2세대 거푸집의 공통점은 모든 작업이 사람들의 힘으로 이뤄진다는 것이었습니다. 하지만 건설산업 현장에서는 인력이 부족하고 작업자들의 나이가 높아지는 추세입니다. 이런 상황에서 많은 인력이 필요한 거푸집 공사 때문에 작업의 능률이 저하되고, 공사기간이 늘어나며 안전사고까지 발생할 수 있습니다. 이런 문제점을 근본적으로 해결하기 위해 3세대 거푸집, 즉 시스템 거푸집이 등장했습니다. 시스템 거푸집은 기존 1~2세대 거푸집에 비해 크기가 큽니다. 따라서 건설에 필요한 거푸집의 수가 줄어들게 되죠. 또한 이 시스템 거푸집은 장비를 이용해서 조립하고 해체합니다. 이런 특징 덕분에 거푸집을 이용한 공사에서 생산성이 향상되고, 장비를 이용하기 때문에 좀 더 적은 수의 작업자로도 작업이 가능해집니다. 안전사고의 발생 가능성도 낮아집니다. 거푸집이 대형화되면 거푸집끼리의 연결 부분이 줄어들고, 따라서 콘크리트를 부어 넣을 때 누수량이 크게 줄어듭니다.

테이블폼 거푸집

대표적인 3세대 거푸집으로는 수평 거푸집인 테이블폼 거푸집이 있다. 테이블폼 거푸집은 바닥판에 장선과 멍에를 일체화하고 이것을 받치는 기둥인 동바리가 함께 조립되는데 그 조립된 형태가 마치 테이블과 같다하여 이러한 명칭이 붙게 되었다. 테이블폼은 기존 거푸집들이 한 현장에서도 매층마다 부재(패널, 동바리, 장선 등)들을 조립과 분해를 반복해야 되었던 것과 달리, 완성품 형태로 조립되어 있기 때문에 설치와 해체를 한 세트로 할 수 있어 공사기간이 단축될 수 있다는 장점이 있다.

또한 테이블폼은 대형 거푸집 시스템으로서 거푸집의 설치, 해체, 인양시에 인력이 아닌 장비를 중심으로 수행되기 때문에 인건비가 절감된다. 이러한 테이블폼은 골조구조가 단순한 해외의 초고층건축물 현장에서 2013년 기준 50% 이상이 사용될 만큼 활발히 적용되고 있다. 그러나 국내 초고층 현장의 경우 약 7%만 적용하고 있을 정도로 아직은 사용 사례가 많지 않은 실정이다. (김태훈, 2013) 이는 건설 참여 주체가 새로운 거푸집 공법 적용에 대한 경험 부족으로 인한 거부감(최영곤 외, 2008)을 갖고 있고, 무엇보다도 국내 건축물의 구조형태가 아직까진 테이블폼을 적용하기에 부적합한 측면이 있기 때문이다. 부연설명을 하자면, 테이블 모양의 대형 거푸집인 테이블폼의 반복적인 설치를 위해서는 건축물 내에서 자유롭게 이동이 가능해야 하는데 과거 국내에서 흔하게 사용된 구조인 벽식구조는 내부에 벽이 많고 특히 외부를 벽이 막고 있기 때문에 테이블폼 이동에 제약이 생기고 적용 효율성이 저하되게 되는 문제가 발생하게 된다.

이와 같은 이유로 국내에선 테이블 폼이 활발하게 적용되지 못하고 있으나, 캐나다 콘크리트 발전위원회(OCCDC)에서는 공사기간 단축을 위해 테이블 폼을 사용할 것을 권장(OCCDC, 2000)하고 있으며, 최근 국내 건축물 역시 구조형식의 단순화와 대형 시스템 거푸집의 필요성이 강조되고 있어 국내에서도 테이블 폼 사용이 일반화될 것으로 기대된다.

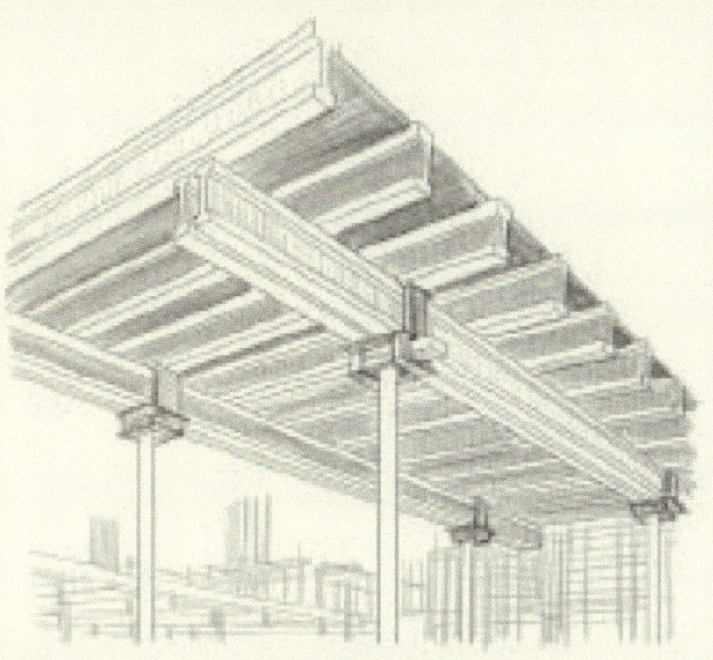

그림 8.2 테이블 폼 거푸집

초고층건축물에서 거푸집 공사가 중요한 이유

건설에 대해 잘 모르는 사람에게는 의외의 이야기겠지만, 사실 초고층빌딩 건설 프로젝트에서 거푸집 공사는 공사 전체의 성패에 주요한 영향을 미치는 매우 중요한 과정입니다.

초고층건축의 공사는 당연히 일반 건축물 공사에 비해 규모가 크고 첨단 기술이 투여됩니다. 일반 건축물에 비해 초고층건축은 단위 공사비가 약 3배 정도 요구된다는 연구 결과가 나와 있습니다. 이런 공사비에서 거푸집 공사비용은 전체 공사비의 약 10~15%를 차지합니다. 게다가 거푸집 공사에 쓰이는 기간은 전체 공사 기간의 약 25%에 이릅니다. 예를 들어 160층인 부르즈 할리파 프로젝트의 경우는 전체 공사비가 약 1.5조 원, 전체 공사기간 60개월이 소요되었습니다. 이 사례에서 거푸집 공사의 비용을 추산해 보면 비용은 약 2,250억 원, 지상층 거푸집 공사기간은 약 15개월이 걸린 것이 됩니다. 이런 상황에서 거푸집 공사의 효율이나 비용을 절약하게 되면 전체 공사의 비용과 공사 기간이 많이 달라집니다.

최근 초고층건축물은 비정형 형태가 주류를 이루고 있습니다. 이런 비정형 형태는 거푸집 공사의 속도와 비용에 부정적 영향을 미칠 수밖에 없습니다. 네모난 틀을 만드는 것보다 별 모양이나 유선형 또는 동 · 식물처럼 복잡한 형태의 건축물을 만들기 위해서는 거푸집의 틀을 만들기가 까다로운 것이 당연합니다. 그래서 거푸집 공사기간을 줄일 수 있는 기술에 대한 관심도 커지고 있습니다.

비정형 건축물을 비롯한 새로운 초고층건축에 효과적으로 쓸 수 있는 새로운 거푸집 공법을 우리나라의 기술로 개발해야 하는 이유는 충분합니다. 이 기술이 개발되면 수많은 건설 현장에서 효과적으로 쓰이면서 많은 비용과 인력을 절감하고 나아가 안전사고도 줄일 수 있습니다. 또한 해외건설 현장으로 이 기술이 수출되어 커다란 경제적 이익이 발생할 수도 있습니다.

세계 최고의 새로운 거푸집을 만들다

초고층빌딩연구단에서는 초고층건축물에 적합한 새로운 거푸집 기술을 개발하기로 했습니다. 고속 시공기술의 목표는 초고층건축물 1개 층 뼈대를 3일 만에 완성하는 것이었습니다. 즉 거푸집공사의 경제성을 고려하면서 공사기간을 기존 4일 만에 완성되었던 거푸집 기술과 대비할 때 25% 단축하는 것이 목표였습니다.

거푸집 공사는 계획 단계와 공사 단계로 나눠질 수 있다.
초고층 빌딩 연구단에서는 단계 별로 보다 신속하고 경제적으로 고품질 거푸집 공사를 수행하기 위해 총 4가지 기술을 개발하였다. 먼저, 계획 단계에는 가변형 테이블폼 최적 배치 프로그램이 적용된다. 이 프로그램은 건축물 평면을 최소 수량의 가변형 테이블폼으로 덮을 수 있도록 거푸집 배치 계획을 세워 거푸집 공사를 보다 경제적으로 수행할 수 있도록 지원할 수 있다. 계획단계에서 수립된 최적의 거푸집 배치 계획을 토대로 다음은 거푸집 공사가 수행된다. 거푸집 공사는 거푸집 설치, 콘크리트 타설(부어 넣기) 및 양생, 거푸집 해체, 다음 공사층으로 거푸집 운반의 순으로 수행되며, 이는 건축물 뼈대가 완성될 때까지 반복된다.
이러한 과정을 보다 신속하게 진행하고 고품질의 건축물을 만들기 위해 가변형 테이블폼, 자동 인양 플랫폼, USN기반 거푸집 공사관리 시스템이 적용된다. 가변형 테이블폼은 기존에 사각형으로 고정된 형태였던 거푸집과 달리 거푸집 형태를 건축물 평면 형태에 맞춰 변형이 가능한 거푸집이다. 이는 비정형적인 형태의 건축물에도 유연하게 적용할 수 있다. 자동 인양 플랫폼은 해체된 거푸집을 타워크레인의 도움 없이 상부층으로 운반할 때 사용되는 장비이다. 이를 통해 타워크레인의 작업 부하를 낮출 수 있고, 경제적인 장비 가격으로 신속하게 거푸집을 운반할 수 있다. USN기반 거푸집 공사관리 시스템은, 거푸집 해체를 위해 콘크리트가 적정 수준의 강도를 확보하였는지 예측할 수 있는 시스템이다. 거푸집을 해체해야 하는 시기를 알 수 있어 공사의 효율을 높여준다.

초고층빌딩연구단은 건설현장에서 실제 활용되어 도움이 될 수 있는 고속시공기술을 개발하고자 하였습니다. 본래 거푸집 분야는 전문 건설업체의 영역으로 국내와 국외, 특히 독일의 업체들은 수십 년간의 노하우를 바탕으로 다양한 거푸집 관련 기술들을 보유하고 있습니다. 따라서 이 분야에서 무엇인가 새로운 기술을 개발한다는 것은 쉽지 않았죠. 그럼에도 불구하고 연구진들은 국내외 거푸집 전문업체 전문가, 초고층 현장 관리자와 작업자 등 거푸집 제작부터 사용과 관련된 전문가들을 만나 수십 차례의 면담을 하고 현장을 방문했습니다. 현재 거푸집 기술의 미흡한 점과 현장에서 실질적으로 필요로 하는 요구사항들을 파악하여 성공적인 거푸집 기술 개발의 밑거름으로 만들기 위해서였습니다.

초고층빌딩연구단에서 새롭게 개발한 거푸집 기술은 총 4가지로 구성되어 있습니다. 거푸집 공사의 계획단계에 적용되는 가변형 테이블폼 최적배치 프로그램, 공사단계에 적용되는 자동 인양 플랫폼과 가변형 테이블폼에 적용되는 USN기반 거푸집공사관리 시스템이 그것입니다.

새롭게 개발된 공기 단축형 거푸집 공법을 이용하면 한 층의 골조를 만드는 데 소요되는 기간을 기존의 4일에서 3일로 단축할 수 있습니다. 초고층건축물은 공사 전체의 규모가 크다는 점을 감안할 때 이 새 거푸집 공법이 초고층건축물 건설에 가져올 긍정적인 효과는 매우 큽니다. 특히 초고층건축물은 반복되는 층이 많기 때문에 층당 공사 기간이 단축될 경우 전체 공사 기간에도 매우 큰 영향을 미칩니다.

가변형 테이블폼(Flexible Table Form)이란?

새로운 가변형 거푸집은 복잡한 평면에 맞춰서 형태변화가 가능한 테이블폼 거푸집입니다. 이 테이블폼 자체가 예전에 없던 것은 아닙니다. 하지만 새로운 가변형 테이블폼은 기존과 다릅니다.

기존 테이블폼은 사각형 모양으로 정형화되어 있었습니다. 이 때문에 건축물의 평면이 사각형으로 정형화되지 않은 복잡한 비정형 건축물에 사용할 때에는 애로가 많았죠. 사각형 테이블폼이 설치되지 못하는 공간이 생기고, 건축물의 외곽 부분이 사선 형태일 경우 그 모양에 맞게 거푸집을 재가공해서 사용해야 합니다. 추가적인 시간과 비용이 발생하는 것이 당연했죠.

가변형 테이블폼은 이런 애로사항을 해결할 수 있습니다. 이 거푸집은 장선의 길이를 변형하여 평면의 형태에 맞게 모양으로 바꿀 수 있습니다. 이름 그대로 가변적인 것입니다. 거푸집 모양을 변형해서 사각형태의 정형화된 거푸집으로는 배치할 수 없었던 공간까지 거푸집을 배치할 수 있습니다.

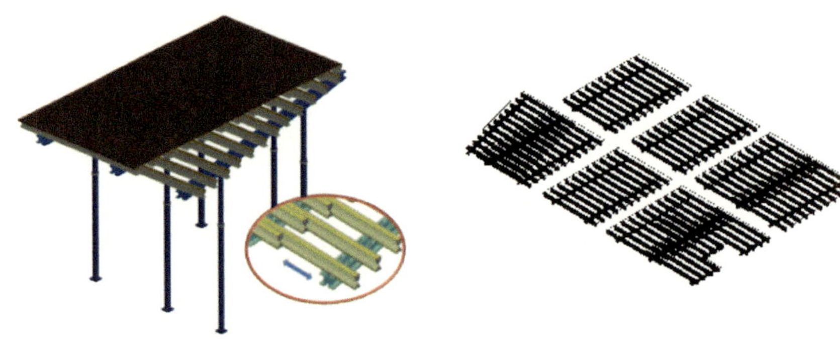

(a) 가변형 테이블 폼 개념도 (b) 가변형 테이블 폼 변형 예

그림 8.3 가변형 테이블폼 개념도

가변형 테이블폼을 사용하면서 테이블폼을 더 많이 배치할 수 있게 되고, 거푸집이 배치되지 못하는 공간이 줄어듭니다. 그 결과 추가로 거푸집을 제작하거나 설치하는 시간을 최소로 줄일 수 있습니다.

또한 이 가변형 테이블폼을 사용하는 경우 한 층의 공정이 끝나면 거푸집 부재를 절단하거나 가공하지 않고도 다음 현장에 맞도록 변형해서 사용할 수 있습니다. 이 거푸집은 예전에 쓰던 거푸집들에 비해 재사용 횟수가 크게 증가했습니다. 이를 통해 거푸집 공사의 자재비를 기존 테이블폼보다 20% 이상 절감할 수 있게 되었고, 추가적인 거푸집 작업이 필요하지 않게 되어 공사 기간도 더욱 단축되었습니다.

자동 인양 플랫폼, 테이블폼 거푸집을 올린다

가변형 테이블폼은 3세대 대형 시스템 거푸집에 속합니다. 이러한 중량의 거푸집을 인양하고 설치하기 위해서는 장비가 필요한데요. 그래서 한 층의 공정이 끝나고 나면 타워크레인을 이용하여 테이블폼을 위층으로 인양해야 했죠. 그러나 타워크레인을 이용하면 긴 줄에 거푸집을 매달아 인양하기 때문에 고층으로 올라갈수록 바람의 세기가 강해지면서 흔들림이 발생합니다. 타워크레인에 매달린 거푸집이 주변 건축물에 부딪히거나 최악의 경우엔 추락하여 안전사고가 발생할 위험성이 높아집니다.

초고층건축물은 높이가 높고 공사층까지 올려서 운반해야 할 자재의 수도 많습니다. 공사 도중에 타워크레인이 감당해야 하는 부하량도 다른 공사에 비해 크죠. 만약 타워크레인을 테이블폼 공사에 이용한다면, 테이블폼 설치가 끝날 때까지 크레인이 다른 자재를 인양하지 못하고 테이블폼만을 잡고 있어야 합니다. 그렇다면 자연히 다른 타워크레인이 필요한 작업은 진행이 늦어질 수밖에 없을 것입니다.

이런 문제를 해결하기 위해 타워크레인을 사용하지 않고 테이블폼을 인양할 수 있는 다양한 장비들이 개발되었습니다. 그러나 이 장비들은 타워크레인 방식에 비해 이용 가격이 비싸고, 건축물 외벽에 장비를 지지하기 위해 별도의 장치가 필요합니다. 장비를 층마다 올리기 위해서 장착 작업이 추가로 필요하기도 하죠.

각종 문제점을 해결하기 위해 초고층빌딩연구단에서 개발한 것은 바로 현장에

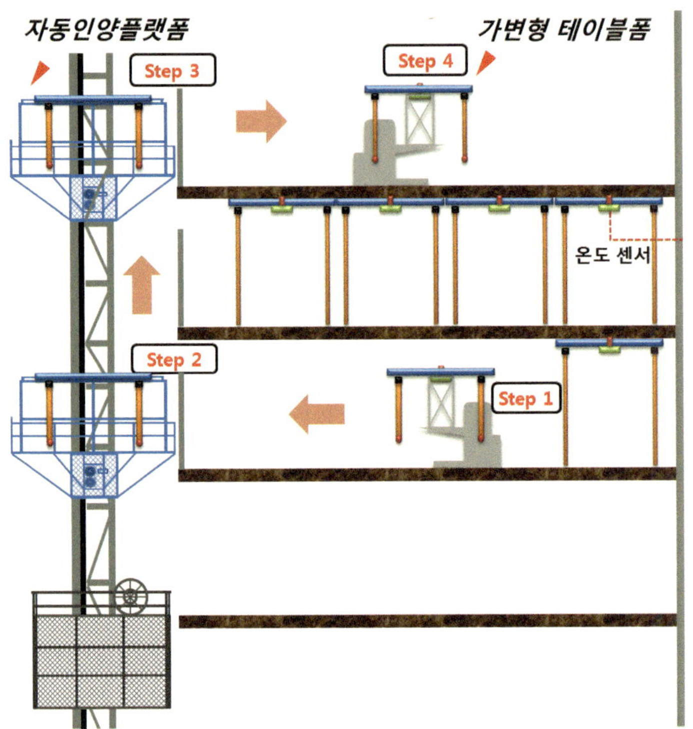

그림 8.4 자동인양 플랫폼 개념도

서 사용하는 건설리프트와 결합한 자동 인양 플랫폼 시스템입니다. 이 플랫폼은 리프트 마스트를 사용한 독립적인 거푸집 자동 인양 시스템이라고 할 수 있습니다.

자동 인양 플랫폼은 테이블폼을 싣고 해체층과 설치층을 이동하며 테이블폼을 운반합니다. 이 플랫폼을 지지하기 위해 리프트 마스트를 건축물의 최상부까지 연장하여 리프트와 함께 사용하는데요. 이때 리프트 마스트는 함께 사용하지만 사용 구간을 구분하여 구조체 공사 구간인 건축물 상부 4개 층은 자동 인양 플랫폼이 사용하고 마감공사 구간인 하부 층들은 리프트가 사용하기 때문에 장비끼리 충돌할 일이 없습니다.

자동 인양 플랫폼은 공사 기간을 단축하고 공사 비용을 절감해주는 효과가 있습니다. 이 시스템은 테이블폼을 인양하고 나서 트롤리(테이블폼 전용 수평 운반 장치)로 테이블폼을 빼낸 후 바로 하강합니다. 테이블폼이 설치될 때까지 인양 플랫폼이 대기할 필요가 없죠. 이렇게 대기 시간이 감소되면서 기존의 타워크레인 방식과 비교할 때 공사 시간을 30% 이상 단축시킬 수 있습니다. 또한 이 자동 인양 플랫폼은 기존에 현장에서 사용하는 리프트의 마스트를 그대로 사용합니다. 지지대를 만들기 위해 추가 비용을 들일 필요가 없다는 의미이기도 합니다.

한편, 자동 인양 플랫폼을 설치하면 초고층 타워크레인의 부하도 줄일 수 있습니다. 실험 결과 이 플랫폼은 초고층건축물 골조 공사시 타워크레인 가동률을 35% 이상 감소시키는 효과를 나타냅니다. 특히 1개 층을 3일 안에 완성하는 공정은 수많은 작업이 단기간에 몰리기 때문에 타워크레인 또한 가동률이 90%에 달할 정도로 매우 바쁘게 움직여야 합니다. 가동률이 높을 경우 타워크레인의 지원이 필요한 작업이 원활하게 수행되지 못하여 공사가 늦어지는 일이 빈번하게 발생하게 되는데, 이를 만회하기 위하여 현장 작업자들은 야간작업이나 조기출근을 하게 됩니다. 자동 인양 플랫폼의 설치는 이러한 공사지연을 막을 수 있다는 장점도 있습니다.

테이블폼 거푸집을 제대로 배치하는 법

초고층건축물의 형태가 다양해지고 비정형 건축물이 지속적으로 늘어나면서 건축물 형태에 맞는 거푸집 배치 계획의 필요도 커집니다. 거푸집 배치 계획은 건축물의 형태에 따라 많은 대안이 존재합니다. 현재까지는 보통 관리자의 주관적인 판단에 의존하여 수행되어 왔습니다. 이런 방식은 많은 시간과 노력이 필요할 뿐 아니라 건축설계가 변경될 경우 즉각적으로 대안을 마련하기 어렵다는 단점도 있었습니다.

이와 같은 문제점을 해결하기 위해 초고층빌딩연구단에서는 테이블폼 최적 배치 프로그램을 개발하였습니다. 테이블폼 최적 배치 프로그램은 수학식을 이용해서 신속하고 합리적인 테이블폼 배치 계획을 계산합니다. 또한 IT기술이 적용된 덕분에 즉각적으로 빠른 시간 안에 문제 해결이 가능하기도 합니다.

테이블폼이 투입된 초고층건축 현장을 대상으로 이 프로그램을 실험해 보았습니다. 실험 결과 여러 해 동안 거푸집을 배치해 본 경험이 있는 관리자가 테이블폼 배치 계획을 세울 때 약 2시간이 소요된 반면, 최적 배치 프로그램을 사용했을 때 약 20분만에 결과를 얻을 수 있었습니다. 이 두 가지 결과를 바탕으로 테이블폼이 배치되지 못하는 남은 공간의 비율을 비교해 보았습니다. 그 결과 프로그램을 이용했을 때 관리자의 계획보다 잔여 공간 비율이 약 39% 감소하는 것으로 나타났습니다.

공사 품질 관리를 스마트폰으로

콘크리트는 완벽한 강도가 나오려면 약 28일의 시간이 필요합니다. 콘크리트가 스스로 모양을 유지할 수 있을 때까지 거푸집을 유지해야 하는데요. 만일 제대로 굳지 않은 상태에서 거푸집을 해체하고 공사를 진행한다면 바닥이 처지면서 건축물의 품질에 문제가 생기게 됩니다. 반대로 거푸집을 유지한 채로 너무 오랜 시간 놓아두면 다음 층 공사에 거푸집을 사용할 때 오래 걸리기 때문에 공사가 지연됩니다.

지금까지는 거푸집 해체시기를 결정하려면 시공한 콘크리트의 시험체를 제작하여 실험실에서 강도를 측정하는 방식을 사용했습니다. 이렇게 측정된 강도를 통해 거푸집을 해체해도 될지 결정했지요. 하지만 이렇게 만든 시험체는 그 환경이 실제 현장과 다릅니다. 또한 현장에서 콘크리트를 시공할 때마다 계속해서 시험체를 만들어 강도를 확인해야 해서 번거로웠습니다.

이런 번거로움을 해결하려는 시도도 그 동안 여러 차례 있었습니다. 콘크리트가 굳으면서 발생하는 온도를 통해 강도를 예측하는 방식도 그중 하나입니다. 콘크리트는 굳는 과정에서 온도가 올라갔다가 다시 내려갑니다. 그 특성을 이용해 콘크리트에 온도 센서와 데이터 측정기를 활용하여 거푸집을 해체할 때를 결정하는 것입니다. 하지만 이 방법을 쓰려면 한 층을 공사할 때마다 시스템을 계속 다시 설치해야 했고, 현장 사무소까지 데이터를 전송하려면 데이터 중계기를 설치해야 해서 또 다른 번거로움이 발생했습니다. 중계기를 설치하는 위치도 매번 선정해야 했죠. 따라서 이 방법은 활용도가 매우 낮았습니다.

초고층빌딩연구단에서는 이런 번거로움을 해결하면서 콘크리트 강도를 예측하기 위한 새 시스템을 개발하였습니다. USN 기반 거푸집 공사관리 시스템이 그것입니다. 이 시스템도 온도센서에 기반하고 있습니다. 새로운 시스템의 핵심적인 요소는 온도 센서와 데이터 측정기를 일체형 디바이스로 만든 점입니다. 이 일체형 디바이스를 거푸집에 달아 콘크리트에 임시로 매립합니다. 디바이스에 들어간 온도센서는 콘크리트에 매립되는 깊이에 따라 온도가 달라질 수 있기 때문에 초고층건축물의 평균 바닥 두께인 250mm에 맞춰 20mm 및 120mm에 매립하는 방식을 택했습니다.

한국에서는 이미 공사 관리자나 작업자들이 대부분 스마트폰을 이용하고 있습

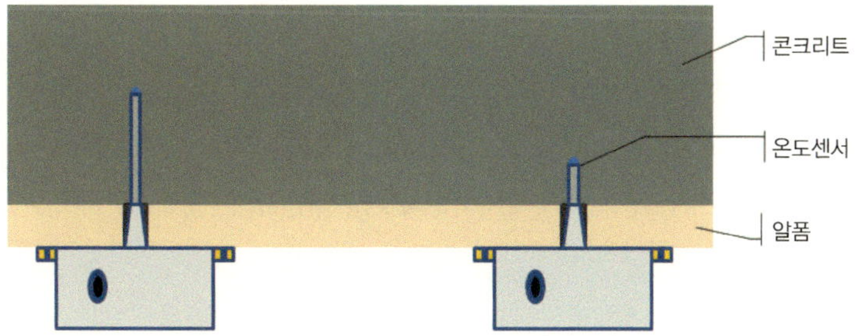

(a) 개발 시스템 설치 정면도

(b) 일체형 디바이스

(c) 개발 시스템 어플리케이션

그림 8.5 스마트폰 기반의 골조공사 품질관리 시스템

니다. 이런 스마트폰과 새롭게 개발한 시스템을 어플리케이션으로 연결해 별도의 기기가 없어도 스마트폰이 데이터 중계기 역할을 하게 되었습니다. 이 시스템을 이용하면 현장 작업자들이 별달리 신경을 쓰지 않고 공사현장에서 작업하고 있어도 콘크리트의 온도데이터가 전송됩니다. 층마다 데이터 중계기를 설치해야 했던 번거로움을 해결할 수 있는 것입니다.

현장에서 신기술을 실험하다

초고층빌딩연구단에서는 새롭게 개발한 거푸집 기술이 현장에 어떻게 안전하게 쓰이는지를 검토하기 위해 여러 현장에서 시험을 거쳤습니다. 총 4곳의 건설현장과 3회의 현장 시험을 거친 결과 그 성능과 안전성을 확인했습니다.

가변형 테이블폼은 가장 먼저 부산국제금융센터와 푸르지오 아파트 현장의 일부에 시험적으로 적용되었습니다. 이렇게 가변형 테이블폼 현장 적용성 테스트를 수행한 결과 몇 가지 개선할 점이 드러났습니다. 작업자들이 아직 테이블폼 공법에 익숙해져 있지 않아서 조립 시간이 오래 걸린 점이 가장 먼저 드러난 문제였죠. 이런 문제를 해결하기 위해 현장 작업자와 인터뷰를 해서 수정안을 만들었습니다. 부재마다 조립할 위치를 표시하고, 가변 부분의 양끝 자재를 수정하였으며, 패널을 설치하기 위한 못도 바꾸었습니다.

이런 대안을 마련한 후 가변형 테이블폼을 개선하여 두 번째 시제품을 만들었습니다. 이 시제품을 푸르지오 아파트 현장에 적용하여 가변형 테이블폼 유닛을 12개 설치하여 성능을 검증하게 되었는데요. 이 거푸집을 적용한 결과 적용구간 면적 144㎡를 기준으로 거푸집 자재비를 약 20만 원 정도 절감할 수 있었습니다. 이 거푸집 시스템을 건축물 전체에 적용할 경우 기존 거푸집을 사용했을 때보다 24%의 비용을 절감하는 효과가 있을 것으로 보입니다.

새롭게 개발한 자동 인양 플랫폼의 성능을 테스트하기 위해서는 경기도 안성에 있는 공장 부지에서 2일에 걸쳐 테스트를 실행했습니다. 자동 인양 플랫폼을 현장에 설치한 후 상승-하강을 31회 반복했고, 자유낙하 실험도 하여 결과를 측정했습니다.

이런 시험의 결과 자동 인양 플랫폼의 평균 상승/하강 속력은 0.15m/sec로 측정되었습니다. 또한 비상사태가 발생했을 경우를 대비한 자유낙하 실험에서 인양 플랫폼의 정지거리는 약 1.2m로 측정되었습니다. 이런 상승/하강 속력은 해외업체에서 개발한 독립적인 인양 시스템과 견줄 수 있을 만큼 원활하고 안정적인 인양이 가능한 속도입니다. 자유낙하에서의 정지거리 역시, 자동 인양 플랫폼 아래쪽에 있는 건설용 리프트와 충돌할 가능성을 방지할 수 있는 안전한 범위 내의 수치였습니다.

다음으로는 자동 인양 플랫폼을 실제 공사현장인 고려대학교 하나과학관 신축현장에 적용해 보았습니다. 지상 7층 건축물인 이 현장에서는 리프트 입찰과정에 자동 인양 플랫폼이 정식으로 포함되어 적용된 것입니다. 초고층빌딩연구단에서는 현장의 리프트 규격과 건축물 특징을 고려하여 시제품 인양 플랫폼을 제작했습니다.

고려대학교 하나과학관 현장은 저층 건축물이라 테이블폼 거푸집이 쓰이지 않았습니다. 따라서 자동 인양 플랫폼은 거푸집이 아닌 다른 자재들의 인양을 위해 사용되었죠. 하지만 오히려 이런 적용을 통해 자동 인양 플랫폼이 다른 작업에도 효과적으로 쓰일 수 있다는 사실이 입증되었습니다.

현장 관계자들과 인터뷰를 해 본 결과 관계자들은 자동 인양 플랫폼의 효용성을 모두 긍정적으로 평가했습니다. 건설현장에서 이 플랫폼이 여러 인양작업을 수월하게 해줄 수 있으며, 인양할 자재가 많은 초고층 현장에 적용될 경우 그 효과와 효용성이 더 클 것으로 기대된다는 의견을 들을 수 있었습니다.

서울 성동구 행당동에 위치한 서울 숲 더샵(The#) 현장에서는 초고층빌딩연구단에서 개발한 스마트폰 기반 골조공사관리 시스템을 적용해 보았습니다

개발 시스템에서 핵심적인 기술은 바로 스마트폰과 일체형 디바이스의 데이터 연결이었습니다. 작업동선에 따라 전송률과 전송 거리를 측정하기 위해 사전에 파악한 공사 진행 일정에 맞춰 총 10대의 스마트폰을 작업자들에게 지급하여 데이터 송수신율을 측정하였습니다.

실험 결과 벽이나 동바리 같은 장애물이 있는 현장에서도 이 디바이스들은 약 32m까지 데이터를 전송할 수 있는 것으로 나타났습니다. 또한 현장 관리자의 의견을 들어본 결과 스마트폰을 이용해 데이터를 수집하는 방법이 기존 시스템에 비해 크게 편리해졌다는 이야기를 들을 수 있었습니다. 앞으로 이 디바이스를 통해 콘크리트 온도데이터만이 아니라 현장관리자가 필요로 하는 각종 계측 데이터를 수집할 수 있다면 장치의 활용성이 한결 더 높아질 것이라는 의견도 나왔습니다.

새로운 기술을 수출하기 전에

초고층빌딩연구단에서 우리 힘으로 새로운 기술을 개발했지만, 이 기술이 세계에 널리 쓰이기 이전에 먼저 특허나 지적재산권에 대한 문제를 해결해야 합니다. 먼저 특허를 취득한 것은 가변형 테이블폼 거푸집 기술과 이를 운반하는 자동 인양 플랫폼인 바닥 테이블폼 인양 장치입니다. 또한 태양광을 활용한 거푸집 자동 상승 장치에 대한 특허 역시 우리나라에서 보유하고 있습니다.

이렇게 확보한 지적재산권을 통해 기술 자립화를 실현하고, 관련 기술을 선점하여 세계 건설 시장에서 앞서 나갈 수 있을 것입니다.

표 8.2 지적재산권 실적

특허명칭	등록일	등록번호
태양광을 이용한 거푸집 자동 상승 장치	2012-07-04	10-1164737-0000
테이블폼 운반 장치	2013-04-05	10-1253855-0000
가변형 테이블폼	2013-10-02	10-1316968-0000
바닥 테이블폼 인양 장치	2014-01-21	10-1356369-0000

표 8.3 국내외 학술지 실적

구분	논문명	학술지명	게제연월
일반 학술지	초고층 시스템 거푸집 공사의 태양광에너지 활용 방안 연구	한국건축시공학회지	2011.04
일반 학술지	품질 기능 전개와 트리즈를 이용한 초고층 거푸집 시스템 설계 프로세스	대한건축학회논문집	2012.09
SCI(E) 학술지	A formwork method selection model based on boosted decision trees in tall building construction	Automation in construction	2012.03
SCI(E) 학술지	Advanced formwork method integrated with a layout planning model for tall building construction	Canadian journal of civil engineering	2012.11

특허를 등록하는 이외에도 기술을 개발하는 과정에서 이 기술에 대한 내용을 국내외 학술지에 논문으로 게재하였습니다. 이 과정에서 건설 기술 분야의 세계적인 학자들이 새로운 거푸집 기술에 대한 지식을 공유하고 검증해줄 수 있었습니다. 그 결과 가변형 거푸집 관련 기술이 학술적으로도 우수한 성과임을 세계적으로 인정받았습니다.

초고층빌딩연구단에서는 공기를 단축해주는 거푸집 시스템에 대해 다양한 홍보와 현장 설명을 활발하게 펼쳤습니다. 시스템 효과에 대해 여러 건설사, 시행사, 국방시설 등 공사 관계자들에게 발표하였습니다. 이 시스템에의 우수성을 다루는 기사가 신문에 실린 적도 있습니다.

이 거푸집과 관련해서는 단순히 새로운 거푸집 기술만 개발한 것이 아니라 그를 효율적으로 인양하고 관리하는 관련 기술 시스템까지 개발했다는 데에도 의의가 있습니다. 또한 평면에 이 거푸집들을 가장 최적화된 방식으로 배치할 수 있는 프로그램도 개발하여 초고층건축물 건설에서 거푸집 공사의 효율을 높이고 공사 기간을 단축할 수 있게 되었습니다.

가변형 테이블폼 기술은 장비 중심으로 시공되기 때문에 핸드셋 거푸집에 비해 무겁습니다. 또한 아무리 장비 중심으로 시공된다 해도 거푸집을 조립하고 설치할 때 인력이 필요한 것은 어쩔 수 없는 현실이기도 합니다. 앞으로 초고층건축물을 위한 거푸집 공사를 잘 수행하려면 가변형 테이블폼의 중량을 감소시키는 연구 개발도 꾸준히 병행해 나가야 할 것으로 보입니다. 또한 정보통신 기술과 결합하여 이런 거푸집 공사를 자동화하고 통합적으로 관리할 수 있는 통합 관리 시스템도 개발될 예정입니다.

Chapter 9

고속 시공을 위해서 꼭 필요한 한 가지

초고층건축을 위한 리프트 개발

리프트는 어떤 일을 할까?

건설현장에는 리프트가 있습니다. 높낮이가 다른 곳으로 사람과 화물을 이동시키는 역할을 하고 있죠. 주위에서 흔히 보는 엘리베이터와 비슷한 역할입니다. 건설용 리프트의 기본 기술이 엘리베이터, 즉 승강기에서 비롯되었다는 것은 부정할 수 없습니다. B.C 236년 아르키메데스가 드럼(Drum)식 호이스트를 개발했고, B.C 200년 사람의 힘으로 움직이는 엘리베이터와 비슷한 형태가 출현했다고 합니다.

초창기 엘리베이터는 물과 펌프를 기본으로 하는 수압식 엘리베이터였는데, 이것이 현재 많이 쓰이는 '유압식 엘리베이터' 로 발전했습니다. 엘리베이터 기술이 현재처럼 산업적인 규모로 발전하게 된 것은 19세기 후반부터라고 할 수 있습니다. 오티스(E. G. Otis)가 1852년 낙하 방지 장치를 발명하고, 이듬해 직접 인체 시험을 하여 안정성을 보여준 이후부터이죠.

옛날 엘리베이터는 와이어로프를 기반으로 했지만, 로프가 자주 끊어져 인명 피해가 종종 발생했습니다. 오티스가 안전장치를 개발한 이후 엘리베이터의 안정성이 보장되었고, 이후 트랙션형 권상기(수평으로 된 원통 모양의 동체를 손잡이로 돌리면서, 동체에 감긴 밧줄이나 쇠사슬 한 끝에 무거운 물건을 매달아 올렸다 내렸다 하거나 잡아당기는 기계)가 개발되고 반도체 기술이 엘리베이터에 사용되면서 엘리베이터 기술이 급속하게 발전했습니다.

고층건축물이 많이 들어서면서 엘리베이터의 속도도 빨라졌습니다. 1978년에는 600m/min의 속도를 가진 초고속 엘리베이터가 일본에서 개발되었습니다. 근래에는 공동주택이나 주상복합 건축물에서 대형 건축물이 늘어나면서 초고속 엘리베이터 기술도 지속적으로 발전하고 있습니다.

리프트의 역사

초기의 건설용 리프트는 중세 시대의 기중기처럼 도르래를 이용해서 자재들을 올리고 내리는 데 주로 사용했습니다. 근대가 되어 10층 정도의 건축물들이 들어서기 시작하면서 건설공사에서 작업 인력과 자재를 빠르게 이동시킬 필요가 생겼지

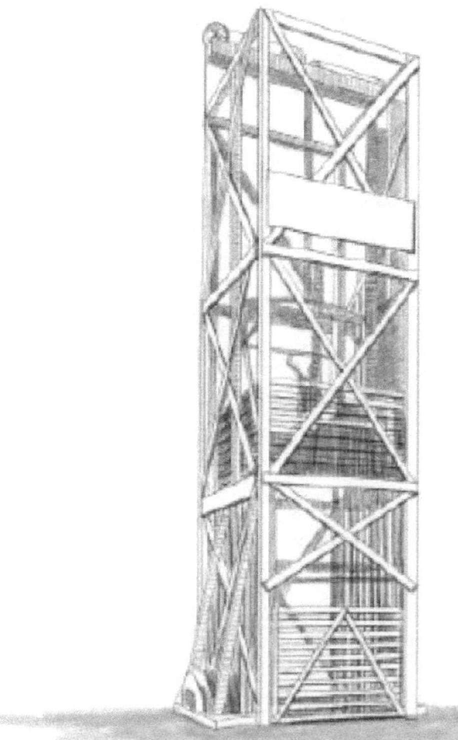

그림 9.1 초기의 건설용 리프트

요. 19세기 전반부터 건설용 리프트가 실용화되었습니다.

초기의 건설용 리프트는 대부분 목재로 만들어져 있었고, 사각형의 커다란 구조물 속에서 와이어로프를 이용하여 작동되었습니다. 이런 방식은 엘리베이터가 건축물 중심 부분에 설치되는 방식을 본뜬 것인데, 건축물 외벽에 가설 자재를 이용하여 구조물을 만들고 그 속에 운반구가 상하로 이동할 수 있도록 와이어로프를 달아 작동하게 했습니다. 하지만 이런 초기의 리프트는 건축물의 높이에 따라 구조물을 연장 설치할 때 작업자가 그 구조물의 위에 매달려 높이를 직접 연장해야 했습니다.

초기형 리프트는 제2차 세계대전이 끝난 1940년대 후반부터 유럽을 중심으로 많이 이용되었습니다. 당시는 보통 건축물들이 4~5층 높이였기 때문에 이런 높이의 리프트를 사용해도 건설현장에서 별다른 어려움이 없었습니다.

1950년대가 되자 일반 주거 건축물보다 사무실이나 복합 빌딩이 많이 지어지면서 건축물의 규모 역시 15~20층 높이가 많아졌습니다. 기존의 리프트 방식으로는

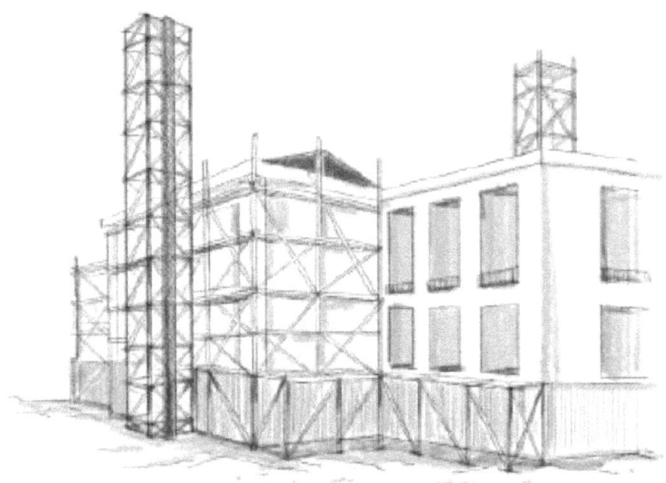

그림 9.2 건설용 리프트 설치 - 1940년대

사용에 한계가 있었고 위험하기도 했습니다. 목재로 만든 리프트 구조물로는 건축물의 높이에 따라 무거워지는 무게를 감당하기 어려웠습니다. 빠른 속도로 변화하는 현대의 건축환경에 적합하지 않았던 것입니다. 이후 몇 년간 새로운 리프트를 만들고자 하는 연구가 다양하게 진행되었고 새로운 리프트가 나왔습니다.

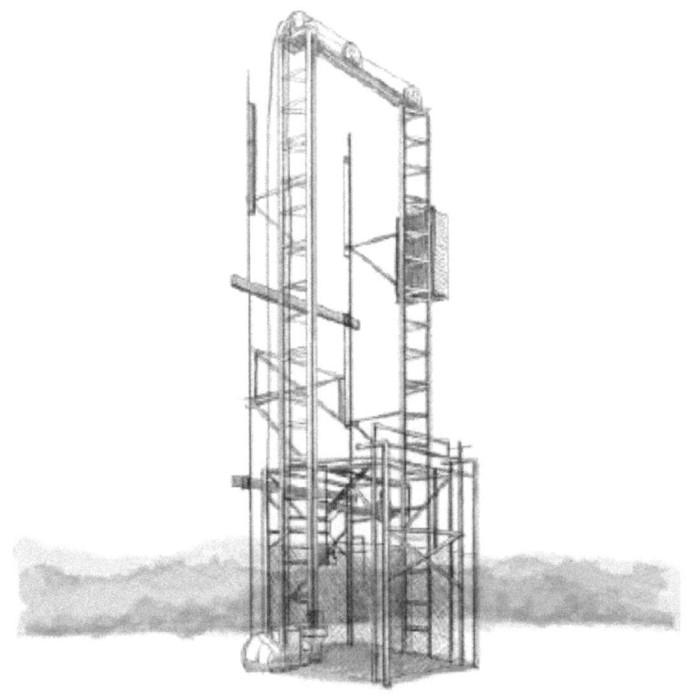

그림 9.3 1950년대의 건설용 리프트

1950년대의 건설용 리프트는 철재를 이용한 마스트 2개를 설치하여 고층에서의 구조물에 작용하는 하부 응력을 견딜 수 있었습니다. 또한 낙하 방지 장치를 설치하여 안전성을 보다 높였죠. 이런 2세대 리프트는 초기의 것과 마찬가지로 와이어로프 구동 방식을 채택하였습니다. 이 리프트는 기존에 문제가 되었던 구조물 연장의 어려움이나 안전성을 크게 개선시킬 수는 없었습니다.

2세대 리프트는 개발된 지 불과 몇 년 되지 않아 시장에서 사라지고 말았습니다. 이후 등장한 3세대 건설용 리프트는 기존 리프트의 형태를 획기적으로 바꾸었습니다. 이런 리프트는 지금 사용되는 모델의 시초가 되었습니다. 3세대 리프트 모델은 기존 코어 형태인 엘리베이터식 구조물을 간단하고 다루기 쉬운 형태로 축소하여 리프트 승강로와 지지 역할을 하게 한 것이 특징입니다.

그림 9.4 3세대 리프트 설치 모습

초고층건축물과 리프트

초고층건축물을 지을 때에는 현장에서 이동해야 하는 인력과 자재의 양이 막대합니다. 부르즈 할리파 공사가 절정이었을 때는 최대 3,500~4,000명이 동시에 건축물 안에서 일을 했다고 합니다. 이렇게 많은 작업 인력들이 리프트를 통해 이동하려면 당연히 많은 시간이 필요합니다.

초고층건축물 공사에서 사람과 자재를 언제, 어떻게 얼마나 투입할 것인가 하는 문제는 건설 관리 기술의 핵심입니다. 이런 요소들을 고려하여 초고층 고속 리프트가 등장했습니다. 이 리프트는 케이블 방식의 전원 공급 장치를 사용합니다. 하지만 이런 초고층 고속 리프트는 50층 이하의 저층부에서는 사용하기 편하고 가격도 저렴했지만, 그 이상의 극초고층건축물에서는 문제가 생깁니다. 건축물이 높아질수록 케이블 자체의 장력에 의해 꼬임이 생기거나 선이 끊어질 가능성도 커지기 때문입니다. 또한 극초고층건축물의 특성상 바람의 영향을 많이 받아 케이블이 끊어지는 경우도 발생합니다.

전원 공급 케이블에 문제가 생겨 리프트가 가동되지 않는다면 건설 현장에 치명적인 문제가 생깁니다. 실제로 부르즈 할리파에서 사용했던 현장의 리프트에서는 케이블이 수시로 끊기거나 꼬여서 공사에 차질을 빚었다고 합니다.

그림 9.5 리프트 전원 공급장치

초고층빌딩연구단에서 건설용 리프트를 위해 개발한 새로운 전원 공급 장치는 파워레일(Power Rail) 기술이라고 불립니다. 마스트에 전기가 흐르는 도체를 설치하여 기존 전원공급용 케이블의 단점을 보완했습니다.

건설용 리프트의 케이블에 문제가 생긴다면 건축물이 고층일수록 문제도 더 심각해집니다. 단선이 되었을 때 수백 미터 상공에서 수백 킬로그램의 케이블이 쏟아져 내려온다고 생각해 봅시다. 이런 케이블이 사람이나 주변 자재에 부딪힌다면 인명 피해와 재산 손실도 발생할 수 있을 것입니다.

케이블 손상에 의한 장비 가동 중단은 겨울과 여름에 많이 발생하는 것으로 보고됩니다. 이는 겨울과 여름에 태풍을 비롯한 바람이 심하게 불기 때문입니다. 일반적으로 건설용 리프트는 건축물 외벽을 따라 수직으로 상하운동을 합니다. 리프트 케이블은 트롤리(Trolley)라는 기구에 의해 리프트 승강로인 마스트를 따라 리프트와 함께 움직입니다. 이런 형태의 리프트가 수직으로 움직일 때는 문제가 없지만, 만약 건축물의 모양이 수직이 아닌 비스듬한 모양으로 지어진다면 케이블이 건축물의 기울기만큼 길게 늘어지면서 또 다른 문제가 발생합니다.

초고층건축물의 고속 리프트는 고속으로 많은 양의 인원과 자재를 운반해야 합니다. 당연히 리프트는 고속 · 고용량이어야 하는데요. 이런 리프트에 전원을 공급하려면 전원 케이블도 고용량이 되어야 합니다. 그런데 현재의 케이블 방식 기술로는 이런 문제를 극복하는 데 한계가 있습니다. 이렇게 수직이 아닌 초고층건축물을 지을 때 필요한 초고층용 경사 리프트의 전원 공급 장치는 기존의 케이블 방식이 아닌 다른 방식이 되어야 합니다. 이런 기술 분야에서 새로운 방식을 개발한다면 다른 나라와의 기술 경쟁에서 유리한 위치를 차지할 수 있으며, 초고층건축물 건설 현장에서 공기를 단축하고 원가를 절감하며 공사의 안전성도 높일 수 있을 것입니다.

비정형 리프트가 필요하다

비정형 초고층건축물을 만들기 위해서는 건설 현장의 리프트 역시 달라져야 합니다. 비정형 리프트가 필요해지는 것이죠. 일반적인 리프트가 건축물에 대해 수평으로 설치된다면 비정형 리프트는 건축물이 일정한 각도를 가지고 축조된 경우 이

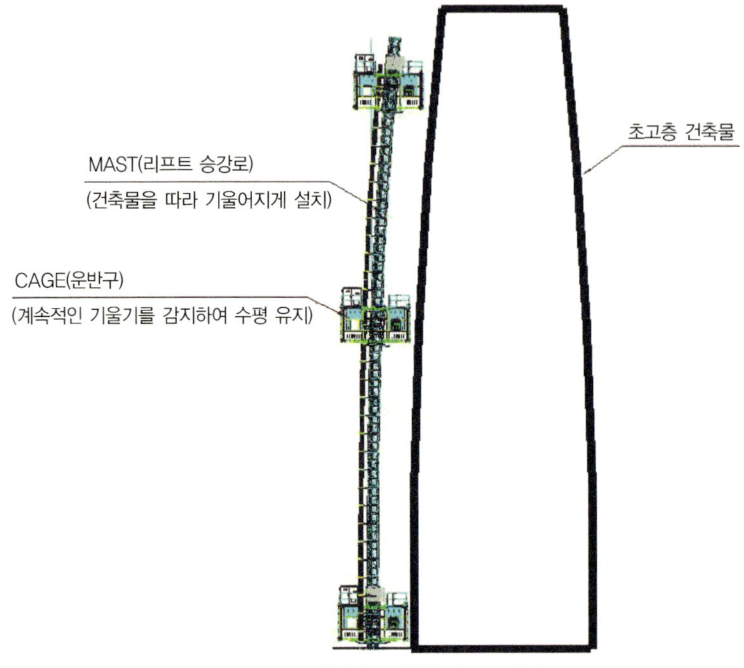

그림 9.6 비정형 리프트 개념

에 대응하기 위해 리프트의 승강로 역할을 하는 마스트를 건축물과 수평이 되게 비정형으로 설치하여 사용합니다.

비정형 리프트에는 일반 리프트에 없는 특수 장치가 있습니다. 리프트가 경사진 구간을 운행할 때 리프트에 탑승한 작업자와 화물을 수평으로 유지시켜주는 자세 제어 장치입니다. 흔히 틸팅(Tilting) 장치라고 불리는 이 장치 덕분에 리프트가 경사진 건축물의 벽면을 따라 운행될 때 운반구가 수평을 유지하고 작업자나 화물은 기울어지지 않고 안전하게 이동할 수 있게 됩니다.

현장에서 실험한 신기술

초고층빌딩연구단에서 개발한 새로운 파워 레일 기술은, 개발된 후에도 테스트 타워에서 약 2년 간의 실험 기간을 거쳤습니다.

파워 레일 기술은 테스트가 끝난 후 전국경제인연합회관 현장에 적용되었습니다. 새롭게 개발된 기술인데다가 그 이전에는 현장에 적용된 적이 없었던 기술이기 때문에 현장에 적용하기까지는 실무진들을 설득하는 데 많은 노력이 필요하였습니다. 전국경제인연합회관 현장에서 파워 레일이 적용된 리프트는 약 17개월 정도 사용되었습니다.

이 기간 동안에 파워레일과 관련된 애프터 서비스 소요 시간은 겨우 4시간 정도였습니다. 기존 방식의 리프트에 소요되는 평균 애프터 서비스 시간과 비교해 볼 때 가동 중단 시간이 1/50 이하로 줄어든 것입니다. 흔히 건설 공사가 거의 마무리될 때에는 리프트의 운행 빈도도 급격하게 잦아집니다. 파워 레일을 적용한 리프트는 고장 없이 원활하게 운행되어 공사의 마무리까지 무사히 진행할 수 있었고, 이 점에 대해 현장 담당자가 초고층빌딩연구단에 특별히 감사를 표현하기도 했습니다.

성공적인 첫 현장 적용 이후 파워 레일 기반 리프트는 2013년 12월부터 잠실 롯데월드타워 현장에서도 쓰이게 되었습니다. 한국에서 최고, 세계에서 다섯 번째로 높은 이 건축물의 현장에 투입되면서 파워 레일 기술이 전세계적으로 홍보될 기회가 생겼다고 할 수 있습니다.

그림 9.7 파워 레일(왼쪽: 롯데월드타워, 오른쪽: 전경련회관)

새로운 리프트로 해외에 진출하자

초고층건축물에 적용된 이런 신기술 리프트의 기술력은 계속적인 홍보와 영업 활동에 힘입어 해외까지 알려지고 있습니다. 인도의 최대 건설 기계업체인 라슨 앤 터보(LARSEN & TOUBRO LTD)사와 사업 계약을 체결했으며, 2014년 3월경부터 인도의 건설 현장에 최초로 적용되었습니다. 파워 레일 기술이 적용될 현장은 인도 초고층건설 프로젝트인 30층 규모의 자이피 큐브 프로젝트(Jaypee Kube Project) 입니다. 이곳과의 계약은 2013년 12월 3일에 체결되었는데, 12개월 동안 리프트 기술을 임대해주는 형식으로 이뤄졌습니다. 계약 금액은 총 330만 루피(한화 약 5,700만 원)입니다. 이번 성과를 바탕으로 세계 최초의 파워 레일 기술이 해외에 수출되는 기반이 마련되었다고 할 수 있습니다.

파워 레일 기술이 더 널리 쓰이기 위해서는 해결해야 할 문제가 있는데, 바로 비용 문제입니다. 파워 레일 기술은 기존 케이블 방식과 비교했을 때 초기 투자비용이 약 3배에 달하므로 소비자 입장에서는 아무래도 비싸다는 느낌을 받을 수밖에 없습니다. 하지만 장기적으로 사용했을 경우의 유지 · 보수비용을 고려해 보면 결과는 이와 달라질 수 있습니다. 케이블이 끊어지거나 고장이 나서 리프트가 중단되었을 경우에 공사 현장에 발생하는 문제는 앞에서 이미 살펴보았습니다. 리프트 운용 효율이 저하되면서 생겨나는 여러 차질을 감안할 때 파워 레일의 초기 비용은 상대적으로 매우 작은 금액이라고 할 수 있을 정도입니다.

또한 파워 레일 기술의 비용 역시 앞으로는 점점 더 보급화가 가능한 수준으로 낮아질 것입니다. 그렇게 되면 이 신기술 리프트가 더 많은 건설 현장에서 대중적으로 쓰일 것으로 보입니다.

파워 레일과 달리 경사 리프트는 아직 현장에 적용된 실적이 없습니다. 막대한 비용이 투자되는 건설 현장에서는 현장에서 검증된 적이 없는 기술을 도입하는 것을 꺼리는 경향이 있기 때문입니다. 앞으로 경사 리프트에 대한 기술 향상과 더불어 기술의 홍보 영업 활동이 더 활발하게 진행되어 이 리프트가 더 많은 현장에서 편리하게 쓰이게 되기를 기대합니다.

Chapter 10

세계 최초, 수직과 수평의 흔들림을 동시에 잡다

초고층건축물의 진동제어 장치 기술

초고층건축물, 진동을 잡아라

"뿌리 깊은 나무는 바람에 흔들리지 않아서 꽃이 아름답고 열매가 많이 열린다"

중 · 고등학교 국어시간에 배우는 〈용비어천가〉의 구절입니다. 그래서일까요? 우리는 흔들리는 것에 대해 '뿌리가 깊지 못해서 그런 것' 이라고 생각하곤 합니다. 하지만 우리 주위의 많은 것들은 흔들립니다. 그리고 흔들리기에 제 모습을 유지하고 있습니다. 높은 빌딩이나 커다란 다리들은 모두 어느 정도는 흔들리는 것이 정상입니다. 그리고 그렇게 움직이면서 제자리와 형태를 잡아갑니다. 설계 당시부터 그런 점들을 고려하면서 지어졌습니다. 다만, 다리 위를 지나거나 빌딩 안에 있는 사람들이 그런 진동을 느끼지 못하고 있을 뿐입니다. 어쩌면 이런 큰 건축물, 건조물들에 어울리는 시는 김수영 시인의 '풀' 인 것 같습니다.

이 시에는 "풀이 눕는다./ 바람보다도 더 빨리 눕는다./ 바람보다도 더 빨리 울고/ 바람보다도 더 먼저 일어난다."라는 구절이 나옵니다. 사람들이 만든 건축물이나 다리들은 이렇게 진동에 적응하면서 조금씩 흔들리면서 튼튼하게 자리잡고 있는 것입니다.

오히려 건축물을 만드는 사람들의 숙제는 건축물 안에 있는 사람들이나 다리 위를 지나는 사람들이 진동을 느끼지 않도록 하는 것입니다. 진동을 잡는 제진 구조 설계, 제진 장치의 필요성이 거기에 있습니다.

테크노마트에서 생긴 일

한국의 현대사에는 여러 가지 안전사고의 기록으로 얼룩진 부분이 분명 있습니다. 특히 성수대교나 삼풍백화점 붕괴, 아현동 가스 폭발, 대구 지하철 화재 사건, 세월호 침몰 등의 대형 참사는 그 사고가 발생한 당시뿐 아니라 그 이후에도 오래도록 사람들의 마음속에 상처를 남깁니다. 보통 때에는 괜찮은 듯 지내지만 비슷한 일이 발생하면, 그 상처가 다시 떠올라 사람들을 괴롭히기도 합니다.

지난 2011년 테크노마트에서 일어난 해프닝 역시 그런 집단적 상처를 자극한 일이었습니다. 2011년 7월 5일 한국의 모든 언론들은 일제히 '서울에 있는 39층 테크노마트 건축물이 상하로 10분간 흔들려 모든 입주민들이 대피하였고, 건축물이 2일간 폐쇄되었다' 라는 소식을 보도했습니다. 이미 대형 붕괴 사고를 경험한 국민들은 이번 사건 역시 건축물의 붕괴로 이어질 수 있다는 공포를 느꼈을 것입니다. 더구나 이 건축물은 영화관이나 쇼핑 공간 등이 있어서 수많은 사람들이 자주 출입하는 곳입니다. 서울에 사는 사람이라면 이곳에 한두 번 이상 들른 경험이 있는 사람들이 많습니다. 그러니 더욱더 건축물 붕괴에 대한 두려움이 클 수밖에 없었습니다.

당장 건축물의 흔들림에 대한 정밀조사가 실시되었습니다. 전문가들의 예측과 진단도 이어졌고, 철저하게 안전조사를 해야 하며, 해이해진 안전의식을 높여야 한다는 여론의 질타도 만만치 않았습니다. 여러 전문가들은 진동의 원인으로 바람, 건축물의 기초침하, 4D영화관, 기계실 진동 등을 거론했습니다. 하지만 대한건축학회가 주관해서 상세히 조사한 결과 12층에 있던 피트니스 센터에서 회원들이 집단 리듬 운동인 태보를 연습했는데, 이것이 공진현상을 일으켜 건축물이 흔들린 것으로 밝혀졌습니다. 7월 19일 방송에서 진동 발생 시연을 통해 이 분석이 올바르다는 것을 증명하기도 했습니다.

과학적으로 정확한 원인이 밝혀졌지만 사람들의 공포심은 때로는 과학 기술을 능가하기도 합니다. 뭔가 숨겨진 원인이 있는 게 아니냐, 건축물이 부실하게 지어진 것이 아니냐는 루머가 한동안 세간을 떠돌았던 것이지요. 그로부터 많은 시간이 지난 지금은 다행히도 당시의 진동에 대한 원인 분석을 수긍하는 분위기가 자리 잡았습니다.

[과학기자의 문화 산책] 美 오하이오주립대, 영국 밀레니엄다리 진동 물리학적 해석

테크노마트 진동과 인간의 본능

| 입력 2015년 02월 07일 23:16 | 최종편집 2015년 02월 08일 18:00

2011년 7월 5일, 서울 광진구 테크노마트 건물이 갑자기 흔들리면서 건물 내부에 있던 사람들이 대피하는 소동이 일었다. 이 소식이 인터넷과 언론을 통해 전파되면서 삽시간에 건물 붕괴를 우려하는 여론이 높아졌고, 대한건축학회가 원인과 안전 여부를 밝히기 위해 직접 나섰다.

- 서울 광진구에 위치한 테크노마트 전경. - 동아일보DB 제공

조사 결과 건축 전문가들은 건물 붕괴 위험은 없으며 진동의 원인은 12층에 있는 피트니스 센터에서 진행된 '집단 군무'였다고 지목했다. 집단 군무가 일으킨 위아래 방향의 진동이 건물이 가진 고유 진동수와 맞아 떨어지면서 에너지가 누적돼 건물이 흔들렸다는 것이다.

당시 진동 원인을 밝히는 기자회견에 참석했던 기자는 다소 황당한 이유라고 생각했다. 조사 결과를 불신하는 여론도 한동안 사그라들지 않았다. 확률로 따지기도 어려운 우연의 일치가 건물 진동의 원인이라니 믿기지가 않았던 것이다.

그런데 최근 사람과 건축물이 상호작용하며 나타나는 건축물의 '공진 현상'이 인체가 에너지 사용량을 줄이려는 본능적인 움직임의 결과라는 주장이 '왕립학회논문집 A(*Proceedings of the Royal Society A*)' 2월호에 실렸다.

마노즈 스리니바산 미국 오하이오주립대 기계공학과 교수팀은 2000년 개통된 영국 밀레니엄다리 진동 사건에 주목했다. 개통식에 참가해 다리 위를 걷던 사람들이 갑작스러운 진동을 느끼면서 테크노마트에서처럼 혼란이 벌어졌던 사건이다. 이 사건 역시 공진 현상에 의한 것으로 판명됐고, 결국 밀레니엄다리는 2년 동안의 보수를 거쳐 2002년 다시 개통됐다.

그림 10.1 테크노마트 진동 관련 기사(동아사이언스, 2015.02.07)

지진보다 무서운 바람

사실 초고층건축물에서 진동을 제어하는 문제는 중요합니다. 에펠탑을 설계한 에펠이 이런 말을 했다고 하죠. "지금껏 내가 이 탑을 디자인하는 데 있어서 가장 신경 쓰고 있는 현상이 무엇이었나? 그것은 바람의 저항이었다. 나는 수학적인 계산이 알려주는 당연한 형태를 따르고 [...] 강함과 아름다움의 커다란 인상을 심어주게 될 이 기념물의 바깥 모서리가 가진 곡선을, 결국 이것이 바라보는 이들의 눈에 묵직한 디자인 그 자체로 다가가도록 지켜내 왔다."(프랑스의 신문 〈Le Temps〉, 1887.2.14.)

에펠의 경험담에서 높은 건축물을 짓는 데 공학적, 기술적으로 가장 큰 저항 요소는 바람이라는 것을 알 수 있습니다. 실제로 높은 건축물에서 바람은 중요한 역할을 합니다. 우리가 지표면에서 느끼는 바람의 세기와 높은 건축물, 특히 초고층건축물이 느끼게 되는 바람의 세기는 수준이 다르다고 할 수 있습니다. 전문용어로 '풍하중' 이라고 부르는 바람하중은 높이가 증가할수록 기하급수적으로 증가합니다. 이는 지표면으로부터 멀어질수록 지표면의 마찰에 의한 영향이 감소하여 바람의 속도가 증가하기 때문입니다. 바람하중을 공식으로 설명하면 속도의 제곱에 비례하여 증가합니다.

높이가 높은 건축물은 이러한 큰 바람하중을 견디도록 설계해야 합니다. 초고층건축물의 상층부에 불어오는 바람은 건축물을 넘어뜨리려는 경향이 강합니다. 우리

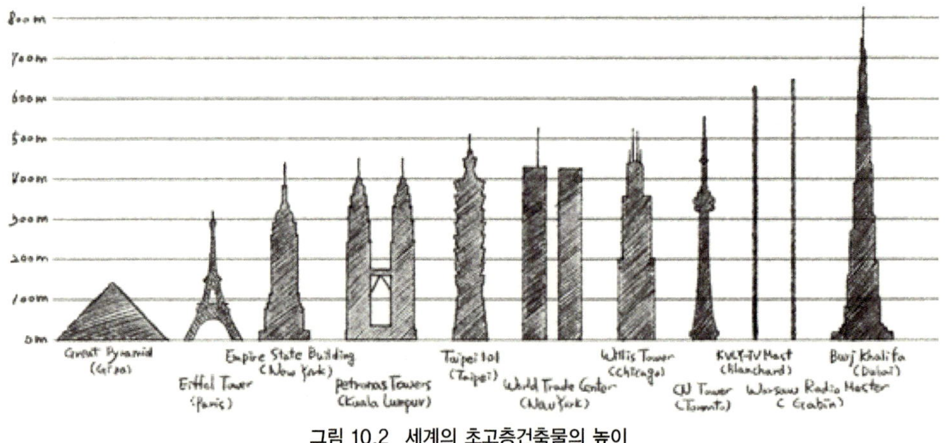

그림 10.2 세계의 초고층건축물의 높이

그림 10.3 상하이 국제금융센터(왼쪽)

가 보아온 초고층건축물은 흔히 건축물이 위로 갈수록 면적이 좁아지는 탑과 같은 형태를 하고 있는 경우가 많습니다. 상층부로 갈수록 바람이 세어지므로 그 영향을 덜 받게 하기 위해서입니다. 이집트의 피라미드부터 에펠탑, 부르즈 할리파 등이 모두 높아질수록 바닥면적이 줄어드는 형태입니다. 상하이 세계금융센터(World Financial Center, SWFC)의 경우는 아예 최상층부에 사다리꼴의 구멍이 있습니다. 바람하중을 줄이면서 동시에 미학적으로 아름답게 승화한 결과물입니다.

초고층건축물은 점점 가벼워지기 위해서 많은 연구와 투자를 하고 있습니다. 하지만 건축물이 가벼워지고 높이가 높아지면 또 다른 문제가 생기게 됩니다. 학교에서 배우는 뉴턴의 제2운동법칙을 떠올려볼까요? 이 법칙은 물체의 질량과 가속도의 관계를 다루고 있습니다. 혹시 아래의 유명한 공식을 기억하십니까?

$$F = m \times a$$

F : 힘

m : 질량

a : 가속도

뉴턴의 제2운동법칙에 따르면 질량이 크면 클수록 하중에 대한 저항능력이 증가하여 가속도가 감소합니다. 반대로 질량이 줄어들면 가속도가 커질 수밖에 없습니다. 초고층건축물이 질량이 줄어들수록 가속도가 커진다는 말입니다. 여기에 높으면 높을수록 바람하중이 증가하므로 초고층건축물에서는 가속도의 크기를 고민해야만 합니다.

번지점프를 하다

번지점프를 해본 적이 있으십니까? 번지점프를 좋아하는 사람은 순간적인 공포와 그후 이어지는 해방감과 후련함이 짜릿하다고 말합니다. 하지만 그런 공포를 싫어하는 사람은 다른 사람이 번지점프를 하는 모습을 보는 것조차 싫어합니다. 그런 두려움을 느끼는 것도 무리는 아닙니다. 번지점프를 하는 사람은 1g의 중력가속도를 느끼게 됩니다. 환산하면 9.8m/s^2의 크기가 되는데, 훈련받지 않은 사람들은 3.5g의 중력가속도를 느끼면 기절할 정도라고 합니다. 전투기 조종사들은 반복되는 훈련을 거쳐 5g 정도의 중력가속도를 견딜 수 있다고 하지요.

번지점프는 시간이 그리 길지 않습니다. 세계에서 가장 높은 번지점프는 233m 높이로, 홍콩 마카오 타워(전체 높이 338m)에서 경험할 수 있습니다. 여기에서 뛰어내리는 번지점프도 8초 밖에 되지 않습니다. 하지만 막상 경험해보면 번지점프를 하는 그 몇 초의 길이도 무척이나 길게 느껴집니다. 안전이 보장되고 몇 초 안에 끝날 것이 확실한 번지점프에서도 사람들은 극한의 공포를 체험합니다. 이것은 높이가 아니라 가속도 때문입니다.

사실 배나 버스, 기차 중에서 가장 빠른 속도로 달리는 기차에서 우리는 멀미를 가장 덜 경험합니다. 여기에서 알 수 있는 사실은 사람이 느끼고 영향을 받는 것은 속도 자체가 아니라 속도 변화, 즉 가속도의 크기라는 점입니다. 배는 다른 교통수단보다 느린 속도로 움직이지만, 뱃멀미를 겪는 사람들이 아주 많지요. 배가 풍랑 때문에 끝없이 요동치면서 속도 변화를 일으키기 때문입니다.

만약 어떤 건축물에 살고 있는 사람이 큰 가속도를 계속해서 느끼게 된다면 어떤 일이 생길까요? 당연히 멀미와 어지러움, 심리적인 불안 때문에 고통스러워 살

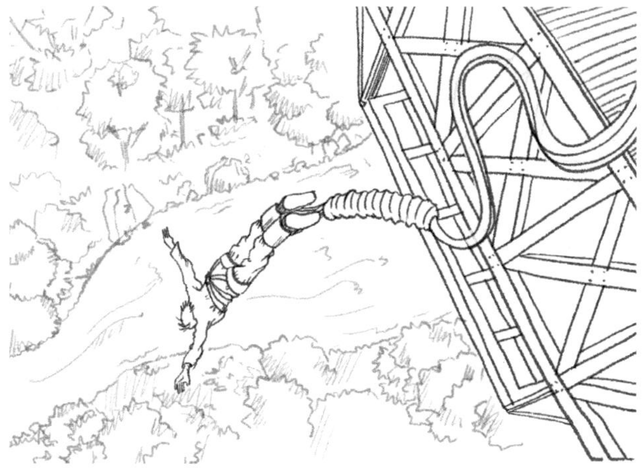

그림 10.4 번지점프 1G

그림 10.5 롤러코스터 3G

그림 10.6 전투기 5G

건축물의 가속도는 어떻게 규정되어 있을까?

건축물에 대한 캐나다의 법규인 NBCC(National Building Code of Canada)에서는 주거용 건축물인 경우 최대 피크 가속도가 0.01g, 사무실 건축물인 경우에는 0.03g 이하로 발생하도록 규정하고 있다(NBCC, 1990 참조). 지금은 무너진 뉴욕의 세계무역센터 빌딩도 정상 거주부의 가속도가 0.01g으로 발생하는 평균횟수를 1년에 12회 이하로 제한하도록 설계되었다(Feld, 1971)고 한다.

주거용 건축물의 가속도 제한값이 사무실 건축물보다 더 작은 이유는, 누워 있는 상태에서 사람이 가속도를 더욱 민감하게 인지하기 때문이다. 또한 주거용 건축물은 사람들이 건축물을 사용하는 시간이 업무용 건축물보다 훨씬 길다. 바람에 의해 건축물에 발생하는 가속도의 크기를 일정 값 이하로 제한하려는 기술을 통칭하여 "풍진동 제어기술"이라 한다. 엔지니어는 가장 작은 비용을 사용하면서도 건축물에 발생하는 가속도를 줄이기 위해 많은 노력을 기울인다.

수가 없을 것입니다. 사람들이 머물면서 일을 하거나 일상생활을 해야 하는 초고층 건축물은 가속도를 특정 크기 이하로 유지할 필요가 있습니다.

초고층건축물은 동시에 참으로 많은 숙제를 해결해야 합니다. 가벼우면서도 높아야 하고, 높아질수록 커지는 바람하중에도 불구하고 가속도는 낮게 발생해야 합니다. 높은 건축물을 짓고자 하는 엔지니어들에게는 도전해야 할 목표가 많은 것입니다.

풍진동을 잡기 위해

초고층건축물을 지으면서 풍진동을 줄이기 위해 엔지니어가 가장 먼저 시도한 방법은 건축물을 풍하중의 영향을 최대한 덜 받는 형태로 만드는 것입니다. 그래서 위로 갈수록 건축면적이 줄어드는 방법을 선택한다고 했었습니다. 거기에 더해서 건축물의 모서리가 각이 지지 않고 둥글려지면 바람이 부드럽게 흐르면서 풍하중의 영향이 줄어듭니다. 부르즈 할리파의 모양을 떠올리면 이해하기 쉽습니다.

앞서 보았듯이, 최근에 짓는 초고층건축물은 원형이나 타원형 단면을 지나, 꼬이거나 비틀린 비정형 구조가 많습니다. 이런 설계는 미학적으로 건축물에 개성을 부여하려는 의도에서 나온 것이지만, 공학적으로는 풍하중의 설계를 줄이려는 숨은 의도도 가지고 있습니다.

그림 10.7 비정형의 초고층 건축물

건축물의 구성요소를 효율적으로 배치하여 건축물에 변형이 발생하는 것을 어렵게 만드는 방법도 있습니다. 엔지니어 파즐러(1929~1982) 칸은 건축물이 수평으로 하중을 받으면 내부의 기둥보다 외부의 기둥에 하중이 많이 전가된다는 사실에 착안했습니다. 그래서 그는 수평하중을 많이 받게 되는 건축물 바깥쪽에 기둥을 촘촘히 만드는 방식을 최초로 만들었습니다. 시카고의 100층 건축물로 높이가 344m(첨탑제외)에 달하는 존 핸콕 센터는 이 시스템을 적용하여 지었습니다. 이 방식을 따르면 기존의 구조 시스템보다 건축의 물량을 20% 이상 줄일 수 있습니다.

파즐러 칸이 생각해낸 이런 구조 시스템을 '튜브 구조' 라고 합니다. 건축물의 안쪽에 기둥이 작고 바깥쪽에 상대적으로 기둥이 많으면 단면이 마치 튜브 같아 보이기 때문입니다. 파즐러 칸은 이 튜브를 여러 개 묶는 '묶음 튜브 구조' 를 사용하여 시카고의 윌리스 타워를 지었습니다. 108층에 442m의 높이를 자랑하는 이 초고층 건축물은 예전에는 시어스 타워라고 불렸는데, 1973년에 지어졌습니다. 1997년 451.9m의 패트로나스 타워가 건설되기 전까지 24년간 세계에서 가장 높은 건축물의 지위를 누렸던 것입니다. 이 건축물 1층에는 파즐러 칸의 흉상이 전시되어 그의 새로운 공법과 아이디어를 기리고 있습니다.

진동을 잡는 장치를 만들자

이런 공법과 설계를 해도 초고층건축물은 외부의 영향에 따라 어느 정도는 흔들립니다. 애초에 그런 현상까지 감안해서 설계했고, 건축물 안에 있는 사람들이 가속도의 영향을 최대한 덜 받게 지어졌기 때문에 그 약간의 흔들림이 위험한 것은 아닙니다. 초고층이 아닌 보통 빌딩이나 높은 아파트 등도 언제나 조금씩은 움직이고 있으니까요.

초고층건축물에서는 건축물이 흔들리면서 발생하는 에너지를 직접 소산시킬 수 있는 진동제어장치를 설치하기도 합니다. 진동제어장치는 처음에 기계 등의 진동을 줄이기 위해 만들어졌습니다.

우리가 흔히 보는 자동차의 브레이크 역시 진동제어장치의 일종입니다. 시속 200km 이상으로 달리는 자동차가 브레이크를 밟으면 몇 초 안에 멈춘다는 사실은, 진동제어장치의 효과를 상징적으로 보여줍니다.

건축물에 진동제어장치를 적용하려는 연구는 최근 약 30년 동안 일본, 미국 같은 건설 선진국을 중심으로 활발히 이뤄졌습니다. 특히 지진이 자주 발생하는 일본에서는 진동제어장치 기술의 수준이 높습니다.

진동제어장치에는 자동차 브레이크와 동일한 형태를 가지는 마찰형, 움직이는 질량체의 흔들림을 이용하여 건축물의 움직임을 줄이는 질량형 등이 있습니다. 질량형 장치를 설치한 초고층건축물로는 타이완에 있는 타이페이 101이 대표적입니다. 이 건축물에 설치된 질량형 진동제어장치는 건축물이 흔들릴 때 질량체가 같이 흔들리면서 구조물의 움직임을 줄이도록 설계되었습니다. 한마디로 말해 작은 흔들림으로 큰 흔들림을 잡는다는 것이지요.

이론적으로 설명한다면, 제어장치에 설치된 질량체에서 발생하는 관성력이 건축물의 움직임과 반대 방향의 힘을 발생시키는 것입니다. 질량체의 무게는 무려 660톤에 이르는데, 이 진동제어장치를 통해 구조물의 진동을 40%까지 감소시킬 수 있다고 합니다. 이런 방식의 진동제어장치가 최근 인천국제공항 관제탑이나 포스코 송도 사옥, 송도 더 퍼스트월드 등 국내 고층건축물에 많이 적용되고 있습니다.

공진현상이란 무엇일까?

테크노마트에서 일어났던 건축물 진동을 이야기하면서 '공진(共振)현상' 이라는 말이 나왔습니다. 건축물의 하중은 수시로 변화합니다. 사람들이 드나들고 건축물 안에서 움직이며 때로는 무거운 물건이 더해집니다. 바람이 심하게 불기도 합니다. 그렇게 건축물의 하중이 변하는 진동주기와 건축물 자체의 진동주기가 일치될 때 공진현상이 생깁니다. 두 진동주기가 일치하면서 건축물의 진동이 크게 증폭되는 것이죠. 공진현상으로 구조물이 무너지거나 흔들리는 현상은 드물지 않습니다.

지난 2000년 숱한 화제를 낳으며 개통되었던 영국 런던의 밀레니엄 브리지는 개통하자마자 폐쇄되었습니다. 개통식을 맞아 보행자들이 다리를 건넜는데, 이때 보행자의 발걸음으로 발생한 일정한 주기의 진동이 공진현상을 일으켜 다리 전체가 크게 흔들렸기 때문입니다. 밀레니엄 브리지는 2년 간의 보수공사를 마친 후 다시 개통되어 현재까지 무사히 쓰이고 있습니다. 일정한 시간마다 동일한 움직임이 반복되는 특성, 즉 특정한 주기를 가지고 움직이는 현상을 우리는 주변에서 흔히 볼 수 있습니다. 해와 달을 비롯한 천체의 움직임이 그렇고, 그네나 추 시계 같은 물체들도 일정한 주기를 가지고 흔들립니다. 눈으로는 보이지 않지만 소리 역시 주기를 가지고 공기를 진동시킵니다. 그네를 밀때 그네의 주기에 맞추어 흔들면 그네의 진폭이 커지는 것은 누구나 경험한 공진현상 중 하나입니다.

초고층건축물을 비롯한 모든 건축물은 특정한 주기로 움직임을 반복합니다. 이를 그 건물의 고유진동주기라고 합니다. 건축물은 하나가 아니라 여러 개의 고유진동주기를 동시에 갖습니다. 수직방향, 수평방향 등 여러 방향으로 서로 다른 주기를 가진 움직임이 발생하는 것입니다.

모든 고체와 고체로 둘러싸인 기체는 **고유의 진동주기**를 가진다. 여기에 바깥에서 힘이 가해질 경우, 그 힘의 진동주기와 고체의 진동주기가 일치할 경우가 생긴다. 두 진동주기가 일치하면 진동이 두드러지게 커지는데, 이것을 **공진 또는 공명(共鳴)**이라고 부른다.

테크노마트에서 정말로 일어난 일

2011년 7월의 테크노마트로 다시 돌아가 보겠습니다. 사고가 일어난 후 전문가들이 실시한 컴퓨터 해석과 실험에서 이 건축물은 수직방향으로, 약 2.7Hz의 진동수를 가지고 흔들리는 특성이 있음이 밝혀졌습니다. 2.7Hz는 1초에 27번 정도 흔들리는 것을 의미합니다. 즉 이 건축물은 평소 10초에 27번 정도를 수직방향으로 움직이고 있다는 말입니다.

그렇다면 문제의 그날, 사람들이 연습했던 태보가 이와 똑같은 진동수를 가지고 있는지 알아봐야 하겠지요. 만약 태보에서 발생한 진동주기가 2.7Hz라면 이것이 공진현상의 주범임이 밝혀지는 것입니다. 이 피트니스센터에서는 사고가 있기 2년 전부터 태보 프로그램을 운영해왔다고 합니다. 지난 2년 동안 아무런 흔들림 없이 잘 지내왔는데 왜 하필 그날이 문제라고 하는지 피트니스센터측 입장에서도 억울해 할 일입니다. 검증에 들어간 전문가들은 이런 이해관계들을 고려해서 명확하고 정밀한 결과를 도출하기 위해 신경을 썼습니다.

사람이 어느 정도의 진동수를 발생시킬까요? 100미터 달리기 세계기록을 보유하고 있는 우사인 볼트를 예로 들어 생각해 보겠습니다. 그는 100m를 41 걸음에 달리는 것으로 알려져 있습니다. 평균 보폭이 무려 2.43m나 되지요. 원래 우사인 볼트는 9.58초에 100m를 주파합니다만, 계산을 간단하게 하기 위해 그의 기록이 10초라고 가정해봅니다. 그럼 그의 달리기가 만들어내는 진동수는 41/10초=4.1Hz가 됩니다. 테크노마트 건축물의 진동수보다 훨씬 크지요. 사람이 만들어내는 진동수가 결코 미미하지 않음을 알 수 있습니다.

게다가 공진현상은 진동의 "수"가 일치할 때 일어나 큰 증폭 효과를 만들기 때문에 더해지는 진동이 크지 않아도 얼마든지 공진이 일어날 수 있습니다.

조사팀들은 테크노마트 진동 사고가 태보 때문에 발생했음을 증명하기 위해 실험을 실시했습니다. 당일에 태보 프로그램에 참여했던 참가자들이 모두 모여 12층의 피트니스센터에서 평소에 하던 일반적인 태보를 먼저 연습해보았습니다. 건축물의 38층에는 100여 명의 국내외 기자들이 모여 있었습니다. 일반 태보를 연습할 때 발생한 진동은 증폭현상과 관계가 없었습니다. 그래서 그 이전 2년 동안 별일 없이 지낼 수 있었던 것입니다.

일반적인 태보의 움직임은 대부분 2.4Hz 이하의 진동수를 발생시켰습니다. 구조물의 진동수인 2.7Hz와는 차이가 있었습니다.

프로그램 참가자들을 인터뷰해보니, 당일에는 신임 피트니스 강사가 태보 프로그램을 지도했다는 사실을 알게 되었습니다. 증언에 따르면 이 신임 강사는 좀 더 운동이 많이 되도록 하기 위해 평소보다 빠른 발 구르기 동작을 지도하여 수강생들은 평소와 달리 땀을 뻘뻘 흘렸다고 합니다. 공진현상을 규명하기 위해 실험에 참가한 피트니스센터 회원들이 그날의 기억을 되살려, 좀 더 빠른 템포인 2.7Hz에 맞춰 발 구르기를 시작했습니다. 그러자 건축물의 진동이 느껴졌습니다. 공진현상으로 증폭된 것이었습니다. 38층에 있던 기자들 역시 대부분 그 진동을 감지했습니다.

시연 당일 테크노마트에는 평소처럼 많은 사람들이 근무하고 있었습니다. 이중에는 사고 당일에도 근무했던 사람들이 많았습니다. 그 사람들에게 설문조사를 한 결과 대부분 시연 당시의 진동과 사고 당일의 진동이 동일하다는 이야기를 해주었습니다. 또한 사람의 발 구르는 동작을 모델링하고 테크노마트를 컴퓨터로 해석한 결과 동일한 현상이 발생함도 확인했습니다. 실제로 테크노마트에서 어떤 일이 일어났는지를 명쾌하게 증명한 것입니다.

흔들리는 건축물은 안전할까

겨우 23명의 사람들이 단순히 발을 굴렀을 뿐인데 총무게 4만여 톤(사무동의 질량)에 달하는 39층 철골구조 건축물 전체가 상하로 흔들렸다니 대부분의 사람들은 이 설명을 아직도 믿기 어려워합니다. 공진현상의 개념을 잘 알지 못한다면 당연히 그럴 수 있습니다.

건설 관계자들에게 가장 중요한 문제는 진동이 발생한 테크노마트가 구조적으로 안전한 건축물이냐는 점이었습니다. 결론부터 이야기하자면 테크노마트는 구조적인 안전성 측면에서 어떠한 문제점도 없습니다. 1998년 준공되어 2011년 당시 조성 13년이 경과했으나 정밀조사 결과 다른 건축물들에서 흔하게 발견되는 구조부재의 균열현상도 전혀 발견되지 않았습니다. 기초부 역시 어떠한 침하의 흔적도 확인할 수 없었습니다.

고층건축물에서는 가속도가 중요한 요소가 된다고 앞서 이야기했습니다. 태보를 시연했을 때 계측한 가속도는 8gal, 즉 8cm/s^2였습니다. 번지점프에서 느꼈던 중력 가속도 1g(9.8m/s^2)와 비교할 때 0.8% 수준입니다. 다시 설명하자면, 태보 운동으로 발생한 하중은 테크노마트 건축물에 0.8%의 무게를 더해주는 정도였다는 말입니다. 당연한 이야기지만 이 정도의 하중 증가로는 건축물에 어떠한 문제도 생기지 않습니다. 건축물을 설계할 때에는 일반적으로 건축물의 1.2배의 하중에도 이 건축물이 안전하도록 만들고 있습니다. 하지만 안전에 아무 문제가 없다고 해도 흔들림에 대한 사람들의 불안감은 상당히 큽니다. 작은 진동에도 민감하게 반응하곤 하지요. 사실 누구나 그럴 것입니다.

건축물에는 안전성과 관계없이 건축물 용도에 따라 사용성을 점검해야 합니다. 건축물의 변형이나 가속도, 소음 등을 건축물 용도에 따라 제한해야 한다는 취지입니다. 사람이 거주하는 건축물과 공장 건축물, 사무실 건축물은 이 기준이 서로 달라질 수밖에 없습니다. 여러 모로 매우 민감한 반도체 제품을 생산하는 공장이라면 거주용이나 사무실보다 진동이 더 없어야 할 것입니다. 즉 반도체 공장에 적용되는 가속도 수준은 아주 작은 크기로 제한되어야 하겠지요.

테크노마트에서 새로운 태보 동작을 연습할 때 발생한 8gal의 가속도는 건축물의 안전성과는 아무 상관없음이 밝혀졌습니다. 하지만 만약 이런 진동이 계속 발생한다면 건축물 안에서 일하거나 그곳을 방문한 사람들은 어지러움을 느끼게 됩니다. 건축물의 사용성에 문제가 발생하는 것입니다. 따라서 이 건축물의 진동을 해결하라는 숙제가 공학자들에게 주어지게 되었습니다.

만약을 위해 흔들림을 잡아라

진동제어기술은 현재로서는 일본의 기업들이 세계적인 수준을 자랑하고 있습니다. 그런데 초고층설계기술연구단에서는 외국의 기술을 들여오는 것이 아니라 한국에서 자체적으로 기술을 개발하는 길을 택했습니다. 테크노마트라는 숙제 하나를 해결하는 데 그치지 않고, 원천기술을 개발해서 앞으로 비슷한 여러 상황을 해결함은 물론 기술수출국이 되는 것을 목표로 삼은 것입니다.

테크노마트에서 진동을 제어하려면 우선 태보 프로그램을 연습하지 못하도록 하면 제일 간단합니다. 하지만 이건 해결책이 될 수 없습니다. 건축물 안에서 할 수 있는 행동이 제한된다면 앞으로 그 건축물의 가치가 떨어질 것이 뻔하기 때문입니다.

진동제어의 두 번째 방안으로 고려된 것은 12층 바닥에 진동 감소 패드를 설치하는 방법이었습니다. 시공이 비교적 저렴하고 피트니스센터를 앞으로도 계속 사용할 수 있기 때문에 편리한 방법이기도 합니다. 하지만 12층 바닥만 이런 공사를 했을 때 만약 피트니스센터가 다른 층으로 옮긴다면 어떻게 될까요? 또한 건축물 안 어디에서 행여라도 사람들이 모여 2.7Hz의 진동을 일으키는 동작을 반복한다면 테크노마트 건축물은 다시 흔들리게 됩니다. 당연한 일이지만 건축물주는 다른 층에서 어떠한 움직임이 있어도 건축물이 절대 흔들리지 않기를 원했습니다.

마지막으로 옥상에 타이페이 101과 같은 질량형 진동제어장치를 설치하자는 방안이 나왔습니다. 옥상에 이 장치를 설치하면 어느 층에서 진동이 발생한다 해도 건축물 전체의 진동을 잡을 수 있습니다. 컴퓨터로 계산한 결과 건축물 사무동의 질량인 4만 톤의 0.1%인 42톤의 질량체만 설치해도 건축물의 진동 수준을 약 1/5로 감소시킬 수 있음이 확인되었습니다.

바람에도 흔들리지 않아야 한다

여러 가지 테스트와 점검을 거치는 동안 테크노마트가 태풍에 안전한지에 대해서도 전문가들이 검토하게 되었습니다. 비록 2011년의 흔들림이 다른 이유 때문에 일어났지만, 공학자들은 미래에 일어날 만약의 가능성도 고려하지 않으면 안 되기 때문입니다.

공학자들은 태풍에 대한 테크노마트의 안정성을 정확하게 평가하기 위해 풍동 실험을 여러 차례 실행했습니다. 실험 결과 테크노마트는 1년에 한 번 오는 빈도수의 태풍에 대하여 약 90%의 사람이 인지할 수 있는 10gal의 가속도가 발생할 것으로 예측되었습니다. 1년에 한 번은 사람들이 태풍으로 인한 건축물의 흔들림을 느끼게 된다는 이야기입니다.

이 결과는 사무용 건축물일 때에는 큰 무리가 없는 수치입니다. 하지만 사람들이 거주하기에 안락한 수준은 아닐 수 있습니다. 새옹지마나 전화위복이라고 할 수 있을 것 같습니다. 테크노마트를 관리하는 측에서는 진동사고를 계기로 건축물이 어떤 진동에 대해서도 아무 문제가 없는 상태로 다시 태어나기를 원했습니다. 그래서 태보 등으로 인한 수직방향 진동뿐 아니라 태풍으로 인한 수평방향의 흔들림까지 잡아달라는 요구를 해왔습니다. 공학자들은 수평과 수직, 두 방향의 흔들림을 모두 잡을 수 있는 해답을 내놓아야 했습니다.

태풍에 대한 실험을 컴퓨터로 해석한 결과 외부 자극에 의한 수평방향의 진동을 50% 수준인 5gal로 감소시키기 위해서는 약 120톤의 질량체가 필요하다는 것이 밝혀졌습니다. 수직방향의 진동을 제어할 때보다 더 무거운 질량체가 필요한 것입니다. 테크노마트가 수평방향으로는 어느 정도의 저항능력을 보유하고 있어 추가적인 제어성능을 확보하기 위해서는 큰 질량체가 필요했기 때문입니다. 수직방향은 원래 취약했기 때문에 약간의 대책으로도 큰 효과를 볼 수 있으나 원래부터 비교적 강했던 수평방향의 진동을 잡아 두 배로 강한 건축물을 만들기 위해서는 더 큰 노력이 필요한 것입니다.

옥상에 120톤의 질량체를 올려 진동제어장치를 만들면 된다는 결론이 나왔습니다. 하지만 다른 문제가 발생했습니다. 컴퓨터 해석 결과 테크노마트의 옥상층 바닥은 애초 이런 큰 하중에 대비한 설계가 되어 있지 않았습니다. 옥상의 특정 부분에 120톤의 하중을 올리는 일은 기술적, 공학적으로 어려운 상황이었습니다. 테크노마트 옥상의 구조로는 진동제어장치와 그 장치를 지탱할 수 있는 하부 프레임을 포함해 총무게 80톤까지만 지탱할 수 있었습니다. 따라서 어떻게든 이 80톤이라는 질량 이하에서 원하는 제어 성능을 구현해야 했습니다.

세계에 없던 제어장치를 새롭게 만들다

타이페이 101에 설치된 질량형 진동제어장치는 전문용어로 동조질량감쇠기(Tuned Mass Damper, TMD)라고 합니다. 질량체의 흔들리는 주기를 구조물의 흔들리는 주기와 일치, 즉 동조(同調)시켜 진동을 제어하기 때문에 붙은 이름입니다.

최근에는 이런 동조질량감쇠기와는 다른 원리의 진동제어장치가 개발되었습니다. 질량체에 모터를 설치해 인위적으로 부가력을 주어서 질량체의 크기를 최소화할 수 있는 능동질량감쇠기(Active Mass Damper, AMD)가 그것입니다. 그 동안 국내에서는 동조질량감쇠기는 설계하고 시공할 수 있었지만, 능동질량감쇠기를 설계할 능력은 없었습니다. 이 장치에서 제일 핵심이 되는 기술은 방향을 계산하는 장치, 즉 컨트롤러입니다. 현재 울산 모 호텔에는 능동질량감쇠기가 설치되어 있습니다만, 핵심기술인 컨트롤러를 일본업체에 비싼 용역비를 지불하고 들여온 후 시공만 국내기업이 담당했다고 합니다.

초고층설계기술연구단에서는 테크노마트의 진동제어를 계기로, 풍진동을 제어할 수 있는 능동질량감쇠기의 컨트롤러를 개발하기로 결정했습니다. 2009년 9월부터 연구가 시작되었죠. 쉽지 않은 연구였지만 원천기술을 개발하고자 하는 의지에서 시작한 일이었습니다. 약 2년 여의 연구 끝에 결국 컨트롤러의 개발이 1차로 완료되었으며, 300kg밖에 되지 않는 가벼운 소형 능동질량감쇠기를 5층 철골구조물에 설치하여 성능 검증을 마쳤습니다.

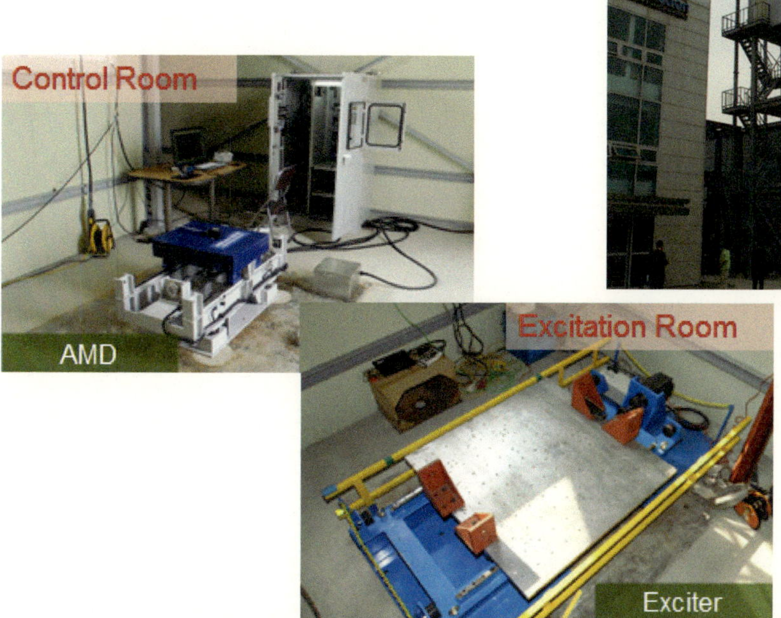

그림 10.8 AMD(우)와 5층 테스트(좌)

질량형 진동제어장치는 무거워질 수밖에 없다는 이야기를 했습니다. 반면 능동질량형 진동제어장치는 무게가 가벼워도 진동을 제어할 수 있는 장점이 있다고 했습니다. 테크노마트 건축물의 경우 수평방향의 진동을 잡는 것이 더 어려웠는데, 여기에 능동질량형 진동제어장치를 사용할 경우 질량체의 무게를 120톤에서 56톤으로 줄일 수 있다는 계산이 나왔습니다.

만약 이 질량체를 수직방향과 수평방향 양쪽으로 활용할 수 있다면, 진동제어장치를 설치하는 프레임의 무게까지 고려한다 해도 80톤이라는 테크노마트 옥상의 무게 제한을 만족시킬 수 있을 터였습니다. 그래서 연구진은 수직방향으로는 42톤의 질량형 진동제어장치로 작동하고, 수평방향으로는 56톤의 능동질량형 진동제어장치로 움직이는, 세계 최초의 수직/수평 동시제어용 제진장치를 설계하였습니다. 또한 실험을 통해 이 제진장치가 수직과 수평방향 모두 설계한 대로 작동한다는 것도 확인할 수 있었습니다.

세계 최초의 제진장치를 제자리에 설치하라

테크노마트는 이미 많은 사람들이 업무를 보는 건축물입니다. 내부에는 여러 종류의 시설이 입주해 있습니다. 새로 짓는 건축물이 아니라 이미 지어져 사용 중인 건축물에 진동제어장치를 설치하는 상황이 되니 신축 건축물이라면 발생하지 않았을 문제들이 부각되었습니다.

첫 번째 문제는 진동제어장치의 무게에 제한이 있다는 점이었습니다. 옥상이 지탱할 수 있는 하중이 제한되어 있다는 문제였는데, 이 숙제는 오히려 긍정적인 결과를 낳았습니다. 그런 무게 제한이 있었기 때문에 국내에 없던 능동질량감쇠기를 만들게 되었고, 그것이 양방향의 진동을 다 제어할 수 있도록 개발했던 것입니다.

테크노마트 옥상의 두 번째 문제는 진동제어장치의 하중이 옥상 바닥이 아닌 보에만 전달되어야 한다는 점이었습니다. 구조를 지탱하고 있는 큰 보 위에는 무거운 진동제어장치가 올라가도 문제가 없습니다. 하지만 보와 보 사이의 바닥에 이 장치를 놓으면 행여나 바닥판 슬래브에 균열이 발생할 가능성도 없지 않았습니다. 물론 균열이 생긴다 해도 건축물의 구조에 부담이 가는 건 아니었습니다. 하지만 슬래브에 균열이 생길 경우 옥상의 아래층에 누수가 발생하는 등 간접적인 문제가 생길 수 있습니다.

이 문제를 해결하기 위해 연구진은 매우 강한 재료를 이용해서 큰 지지 프레임을 제작했습니다. 프레임에 제어장치를 올려놓았을 때 그 하중이 바닥 슬래브가 아니라 보로 직접 전달되도록 한 것입니다. 이 프레임은 진동제어장치가 수평으로 움직인다 해도 휘어지는 일이 있어선 안 됩니다. 또한 언제나 수평을 유지할 수 있어야 합니다. 오차가 발생한다 해도 1mm 이내여야 하지요. 그래서 프레임의 크기가 무척 커져야 했습니다.

테크노마트 옥상에 진동제어장치를 설치하면서 해결해야 할 세 번째 문제점은 설치를 위한 크레인과 관련된 것이었습니다. 진동제어장치를 설치하기 위해서는 크레인이 필요합니다. 하지만 그러려면 옥상에 크레인을 올려야 합니다.

건설현장에서 사용하는 크레인은 건축물의 높이가 올라가면서 함께 올라갑니다. 그래서 아주 높은 건축물도 지을 수 있는 것입니다. 테크노마트의 경우처럼 기존의 건축물 옥상 위에 크레인을 올리려면, 사람이 운반해서 현장에서 조립 설치할 수 있는 특수 크레인이어야만 합니다. 게다가 사람의 손으로 옮겨야 하니, 크레인 용량에 제한이 있어 한 번에 4ton 이하의 무게만 옮길 수 있는 크레인 밖에는 사용할 수가 없었습니다.

이런 조건을 만족시킬 수 있는 크레인은 임대비용이 매우 비쌉니다. 연구진은 정해진 비용 안에서 진동제어장치의 설치를 완료하기 위해 미리 꼼꼼하게 계획을 세워야 했습니다. 진동제어장치를 4톤 이하의 부품으로 모두 분해될 수 있게 설계했으며, 4주일 안에 시공이 완료될 수 있도록 계획을 짰습니다.

그림 10.9 제진장치 운반

그림 10.10 AMD 설치 모습

마지막 문제점은 진동제어장치를 설치할 수 있는 공간이 매우 좁다는 것이었습니다. 테크노마트 옥상에는 건축물 외벽을 청소하고 간단한 물품을 운송할 수 있는 곤돌라가 설치되어 있었습니다. 이런 곤돌라는 고정된 것이 아니라 회전하게 되어 있죠. 그래서 그 회전반경을 고려해야만 합니다. 그 공간을 빼고 나니 진동제어장치를 설치할 수 있는 공간은 7m×7m밖에 남지 않았습니다. 모터에 56톤의 제어장치를 연결하고 나니, 질량체가 움직일 수 있는 좌우 폭은 60cm에 지나지 않았습니다.

진동제어장치에서 질량체가 움직이는 폭을 전문용어로 스트로크라고 합니다. 이 스트로크의 최대 크기는 제어장치의 성능을 결정하는 데 무척 중요한 역할을 합니다. 능동질량감쇠기는 질량체에 모터를 연결하여 매우 강한 힘으로 움직이게 하면서 건축물에 힘을 전달합니다. 따라서 충분한 성능을 발휘할 수 있기 위해서는 진동제어장치가 마음껏 움직일 수 있는 스트로크를 확보해야 합니다.

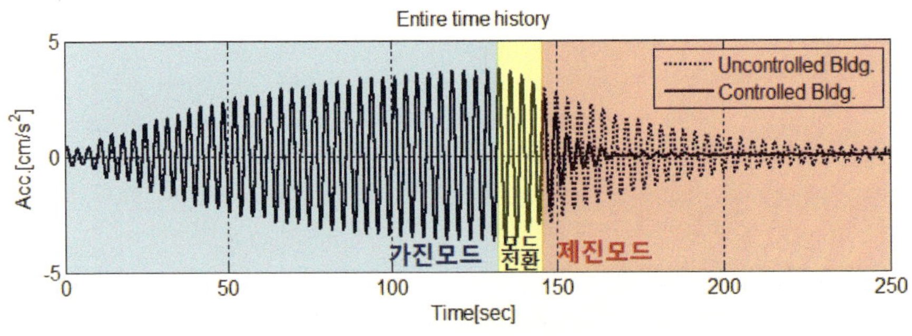

그림 10.11 AMD로 가진 후 제어 성능 확인

테크노마트의 경우는 기존의 제어장치에 비해 3분의 2 정도로 제한된 스트로크 범위 내에서도 제대로 성능을 구현할 수 있도록 설계했습니다.

드디어 모든 것이 제자리에

모든 문제점을 해결한 후 약 2개월의 공사를 통해 2013년 8월 드디어 테크노마트 옥상에 진동제어장치를 설치하게 되었습니다. 마지막으로 남은 과제는 이 제어장치가 과연 연구진의 의도대로 잘 작동할지를 실증하는 것이었습니다.

초고층설계기술연구단의 연구진들은 진동제어장치의 기능을 점검하는 여러 가지 실험을 실시했습니다. 수직방향의 진동제어실험은 그리 어렵지 않았습니다. 테크노마트의 진동 사고가 일어났을 때처럼 사람들을 모아 움직이게 해서 2.7Hz의 진동수를 발생하게 만들었습니다. 이런 진동에 대해 연구단이 설치한 새로운 제어장치는 계산했던 대로의 진동제어성능을 발휘했습니다. 실험 결과 설치 이전에 8gal 정도 발생했던 수직방향 가속도가 1.5gal 이하로 크게 감소한 것입니다. 실험 당시에는 건축물 안에서 출근해서 일을 하고 있는 사람들도 많았습니다. 진동제어장치가 작동하지 않았을 때와 작동했을 때, 사람들이 진동을 느끼고 느끼지 않고가 확연하게 달랐습니다. 당연히 제어장치가 작동했을 때는 흔들림을 느끼지 못했다는 진술을 들을 수 있었지요.

수평방향 진동에 대해 진동제어장치가 제대로 성능을 발휘하는지는 실험으로 밝히기 어렵고 자연적인 강풍이나 태풍이 불어야 확인할 수 있습니다. 지난 2011년도에는 태풍 무이파, 2012년도에는 태풍 볼라벤이 서울 지역에 영향을 끼쳤습니다. 하지만 진동제어장치가 설치된 2013년에는 서울까지 올라온 태풍이 없었습니다.

없는 태풍을 만들어낼 수도 없습니다. 그래서 연구진은 진동제어장치의 수평방향 진동제어성능을 실증할 수 있는 다른 방안을 찾아야 했습니다. 능동질량감쇠기는 컨트롤러로 계산된 입력 신호에 따라 질량체가 움직여서 건축물의 진동을 줄인다고 했지요. 그런데 이 장치는 입력 신호의 방향을 바꾸면 구조물을 흔드는 장치로도 사용할 수 있습니다.

연구진은 새로 설치한 진동제어장치를 이용해서 건축물을 흔들고, 제어장치를 작동했을 때와 작동하지 않았을 경우를 비교했습니다. 태풍 볼라벤이 왔을 때와 비슷한 정도로 건축물을 흔들었는데, 제어장치가 작동했을 때엔 건축물에 발생한 가속도가 빠른 속도로 줄어드는 것을 확인했습니다. 흔들림을 잡아주는 것을 눈으로 확인한 것입니다.

바람에 흔들리지 않는 초고층건축물을 위해

초고층건축물이 어느 정도 흔들리는 것은 자연스럽다고 했습니다. 하지만 그 안에서 일하거나 살고 있는 사람들이 흔들림 때문에 불편을 겪어서는 안 됩니다. 따라서 풍진동 제어기술은 초고층건축물 설계에서 반드시 필요하지요. 그럼에도 불구하고 이전에는 한국의 풍진동 제어기술은 세계 수준에서 볼 때 크게 떨어지는 상황이었습니다. 해외의 초고층건축물 건설 프로젝트는 물론이고 국내 초고층건축물 건설에서도 풍진동제어 분야는 대부분 해외업체에 의존해야 했습니다.

이번에 초고층설계기술연구단에서 새롭게 개발한 풍진동제어 기술은 그런 현실에서 의의가 크다고 하겠습니다. 연구단에서는 세계 최초로 수직/수평 동시제어 제진장치를 개발했고, 진동사고를 경험했던 건축물인 테크노마트에 설치해서 성공적으로 작동하는 것까지 확인했습니다. 더구나 기존에 지어진 건축물에 제어장치를 설치하면서 숱한 문제점을 해결하는 경험까지 쌓았습니다.

앞으로 국내뿐 아니라 해외에서도 대형 건축 프로젝트는 무수히 많을 것입니다. 새롭게 개발한 우리나라 기술인 수직 · 수평 동시제어장치는 향후 기술 수출에서도 큰 역할을 할 수 있으리라고 보입니다.

Chapter **11**

화재에 안전한 초고층건축물을 만들어라!

고층빌딩 화재안전 관리기술

초고층 건축물에 화재가 발생한다면

초고층건축물을 비롯한 여러 건축물에는 화재에 대비하기 위한 각종 안전시설들이 갖춰져 있습니다. 하지만 막상 화재가 발생하면 현장에 있는 사람들로서는 크게 당황할 수밖에 없습니다.

불을 '문명의 이기' 라고 합니다. 하지만 그것이 문명의 이기가 되기 위해서는 인간이 원하는 대로 사용할 수 있어야 하겠죠. 원하지 않은 방향으로 불이 전개된다면 그것이 바로 인명과 재산을 위협하는 화재일 것입니다. 화재는 언제라도 일어날 수 있기 때문에 법에서는 만약의 경우에 대비하여 건축적인 부분과 설비적인 분야로 나누어 화재 안전성을 확보하도록 하고 있습니다.

건축적인 측면에서 화재를 대비한다는 것은 건축구조물이 화재가 발생했을 때 열에 견디도록 하고, 이때 발생하는 연기로부터 건축물 안에 있는 사람을 보호하는 것을 의미합니다. 한편, 설비적인 측면에서 화재에 대비하는 것은, 화재를 감지하고 건축물 안에 있는 사람들에게 전달하며 화재를 진화하는 것을 의미합니다. 화재 안전은 이들 중 어느 하나만의 방법으로 확보되는 것이 아니라 이런 여러 분야들이 유기적인 관계를 가지고 제 기능을 할 때 이뤄집니다.

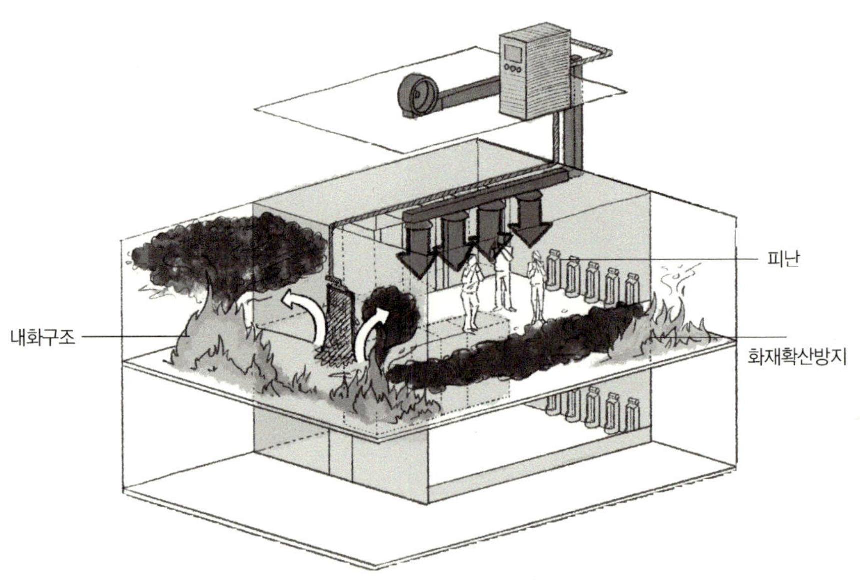

그림 11.1 화재안전 관리기술 개요

화재는 물론 발생하지 않는 것이 최선입니다. 하지만 생활 속에서 불을 이용하지 않을 수 없고, 불에 타지 않는 재료만으로 건축물을 만들 수 없는 것이기 때문에 화재는 언제든 일어날 수 있죠. 따라서 평소 화재가 일어나지 않도록 사전에 대비하고, 발생할 경우에는 피해가 최소화되도록 하는 것이 원칙이 될 것입니다. 화재에 대비하는 기술 개발이 필요한 것은 그래서입니다.

화재에 맞서는 기술은

초고층건축물을 비롯한 건축물들은 각각의 용도에 맞추어 화재에 대응할 수 있는 시설들을 설계 단계부터 고려해야 합니다. 건축물의 용도를 알면 거주 인원, 내부 시설, 비축물의 종류 등 화재 특성을 이해할 수 있는 자료들을 산정할 수 있습니다.

화재 관련 규정에도 이런 요소를 반영한 최소한의 기준들이 제시되어 있습니다. 이런 규정들은 모두 건축물에서 화재가 발생하지 않도록 하는 것을 기본으로 하며, 화재가 발생할지라도 인근의 다른 곳으로 확산되지 않도록 설계 단계부터 고려해서 건축물을 짓도록 하는 것입니다. 화재에 대해 내화성을 갖는 건축 재료, 열에 견딜 수 있는 건축 구조, 화재가 발생하여도 일부 공간에만 국한되도록 하는 방화 구획 같은 대처 방법은 화재가 확대되지 않도록 하는 수동적인 대처법이라고 할 수 있습니다. 하지만 건축물 내부에는 불에 잘 타거나 불에 타면 유독가스를 내뿜는 가연성 물질들이 있고, 우리의 일상생활에서도 항상 불을 이용하기 때문에 건축 재료만으로는 화재에 완벽히 대처할 수 없습니다.

따라서 화재가 발생한 이후에는 화재발생 여부를 파악하고, 이를 사람들에게 알리며, 화재를 진화하는 등 화재에 맞서는 능동적인 대처가 필요합니다. 이 두 가지 방안에 대해 각각 살펴보도록 하겠습니다.

건축적 대응과 설비적 대응

건축물에는 철골 구조, 시멘트 구조 등을 비롯한 다양한 구조가 있는데, 이들 구조는 열에 대한 저항성이 각각 다릅니다. 특히 이런 구조 중에서 열에 가장 약한 것이 철입니다. 따라서 철을 기둥 같은 주재료로 사용하는 철 구조 건축물은 화재 시에 구조의 안전을 확보하기 위한 대응책을 마련해야 합니다. 철 구조물을 열에서 보호할 수 있도록 열을 차단하는 것이 필요하죠. 이를 내화라고 하는데 높은 온도에서도 철 구조물이 갖는 고유의 특성을 잃지 않도록 하여 건축물이 붕괴되는 것을 방지하는 것입니다.

철 구조물의 내화 방법은 주로 열이나 연소에 저항성과 단열성을 가진 불연 소재를 표면에 붙이거나, 열을 받으면 수십~수백 배 팽창하여 열을 차단하는 발포 도료(페인트)를 이용하는 방법이 쓰입니다.

건축물을 지탱하는 하중은 받지 않지만 일정한 면적으로 공간을 나누는 것을 방화구획이라고 합니다. 방화구획 경계벽(비내력벽)의 경우는, 화재가 발생했을 때 인접 공간으로 확산되지 않도록 방지하는 내화 성능이 있어야 합니다. 비내력벽은 구조의 안전성과는 무관하지만 화재시 발생하는 높은 온도의 열에 대응할 수 있어야 하죠. 가끔 공공장소에 가면, 문이나 벽에 "화재시 경계벽" 같은 문구가 쓰여 있는 것을 볼 수 있습니다. 이런 벽은 건축물 구조에서 힘을 지탱하지 않는 비내력벽이며, 화재가 일어났을 때 화재를 그 구역 안에 가두는 역할을 합니다.

건축물 실내에 노출되는 내장재가 내화성이 없다면 화재 시 심각한 피해를 일으킬 수 있습니다. 이에 대비하기 위하여 내장재는 불이 붙지 않는 방염 처리를 하거나 불에 잘 안 타는 난연성 소재를 이용해야 합니다.

화재에서 위험한 것은 열이나 연소뿐 아니라 연기도 있습니다. 각종 유독가스가 포함된 연기는 인명 피해에 가장 큰 영향을 미치는 요소이기도 합니다. 화재에서 발생하는 사망사고는 대부분이 연기에 의한 질식사일 정도입니다. 이런 연기에서 사람들을 안전하게 보호하고 대피시킬 수 있도록 연기의 흐름을 조절하는 제연(연기 흐름을 조절하는 것) 장치 및 배연(연기를 배출해서 내보내는 것) 설비와 대피 시설을 확보하도록 설계 단계부터 고려해야 합니다.

건축물 내부에는 화재 발생 여부를 파악하는 각종 감지기가 설치되어 있습니다.

화재가 발생하면 감지기의 신호를 받아 사람들에게 알리는 경보기가 작동되며, 동시에 화재를 진압하는 소방설비가 작동됩니다.

화재 감지기는 연기 · 빛 · 열 등을 감지하여 이들을 전기 신호로 변환합니다. 이 신호를 받아 비상벨 · 사이렌 · 경보 방송이 자동으로 작동하며, 동시에 스프링쿨러 같은 소화 설비가 작동되어 화재를 진화하는 것입니다.

설비적 대응 기술은 평상시의 유지 관리가 중요합니다. 화재가 발생하지 않으면 거의 사용할 일이 없기 때문에 관리에 소홀해질 수가 있습니다. 그러나 평소에 적절하게 유지관리하지 않으면 정작 비상시에는 제 기능을 하지 못해 큰 피해가 발생할 수 있습니다.

화재와 관련된 규정

화재는 초기에 진압하지 못할 경우 대규모 인명과 재산 피해를 일으켜 사회적인 문제로 발전할 수 있습니다. 정부 차원에서 화재를 관리하는 것은 그 때문입니다. 화재와 관련된 법과 설치 기준을 마련하여 엄격하게 적용하는 것이죠. 우리나라에서는 국토교통부와 국민안전처에서 화재 관련 규정을 주로 운영하고 있으며, 지방자치단체별로 이 법에 기반을 둔 하위 규정을 정하여 시행하고 있습니다.

1) 국토교통부 관련 규정

국토교통부에서는 '건축법, 건축법 시행령, 건축법 시행 규칙, 건축물의 피난 · 방화구조 등의 기준에 관한 규칙'과 더불어 이들과 관련된 고시를 운영하고 있습니다. 이런 규정들의 내용은 주로 건축 구조와 재료가 갖추어야 할 사항과 피난에 관한 사항들을 정하고 있습니다. 피난 시설 및 용도 제한 · 내화 구조와 방화벽 피난 및 안전 관리에 관한 내용과 방화 지구 안의 건축물 및 마감 재료에 대한 사항 등이 그 안에 포함되었습니다.

「국토의 계획 및 이용에 관한 법률」 제37조 제1항 제4호에는 방화 지구 안에 있는 건축물에 관한 내용이 나옵니다. 이 규칙에 따라 특수한 일부 건축물을 제외한 모든 건축물의 주요 구조부와 외벽은 내화 구조로 만들어야 합니다. 방화 지구 안의 공작물, 즉 여러 시설에 대해서도 별도 규정이 있습니다. 간판 · 광고탑이나 그

1) "피난시설 및 용도제한"에 대해서는 대통령령으로 정하는 용도 및 규모의 건축물과 그 대지에는 국토교통부령으로 정하는 바에 따라서 복도, 계단, 출입구, 그 밖의 피난시설과 소화전(消火栓), 저수조(貯水槽), 그 밖의 소화설비 및 대지 안의 피난과 소화에 필요한 통로를 설치하도록 하는 것을 골자로 하는 내용들을 규정하고 있다.

2) 대통령령으로 정하는 용도 및 규모의 건축물에 대한 방화를 위하여 필요한 용도 및 구조의 제한, 방화구획, 화장실의 구조, 계단 · 출입구, 거실의 반자 높이, 거실의 채광 · 환기와 바닥의 방습 등에 관하여 필요한 구체적인 사항에 대해서는 국토교통부령으로 상세히 정하도록 규정하고 있다.

3) "내화구조와 방화벽"에 대해서는 문화 및 집회시설, 의료시설, 공동주택 등 대통령령으로 정하는 건축물에 대해 국토교통부령으로 정하는 기준에 따라 주요 구조부를 내화구조로 하고, 또한 방화벽으로 구획하도록 하고 있다.

4) "피난 및 안전관리"에 관한 내용으로는 대통령령으로 정하는 바에 따라 피난안전구역을 설치하거나 대피공간을 확보한 계단을 설치하여야 하며, 이 경우 피난안전구역의 설치 기준, 계단의 설치 기준과 구조 등에 관하여 필요한 사항은 국토교통부령으로 정하도록 하였다.

밖에 대통령령으로 정하는 공작물 중 건축물 지붕 위에 설치하는 공작물이나 높이 3미터 이상의 공작물에 대해서는 주요부를 불연(不燃) 재료로 하는 것이 주요내용입니다.

건축의 "마감 재료"는 그 용도와 규모를 대통령령으로 정하게 했는데, 이들 건축물의 내부 마감 재료는 방화에 지장이 없는 재료로 하되, 「다중이용시설 등의 실내 공기질 관리법」 제5조 및 제6조에 따라 실내의 공기에 대한 기준을 따라야 합니다. 건축물 외벽에 사용하는 마감 재료는 방화에 지장이 없는 재료로 하도록 하고, 이 경우에도 마감 재료의 기준은 국토교통부령으로 정한 것을 사용하게 되어 있습니다.

2) 소방방재청 관련 규정

소방방재청에서는 소방 관련법과 소방 시설 설치 · 유지 및 안전 관리에 관한 관련법(기본법, 기본법 시행령, 기본법 시행 규칙) 등 다양한 규정을 운영합니다. 소방법은 "화재를 예방 · 경계하거나 진압하고 화재, 재난 · 재해, 그 밖의 위급한 상황에서의 구조 · 구급 활동 등을 통하여 국민의 생명 · 신체 및 재산을 보호함으로써 공공의 안녕 및 질서 유지와 복리증진에 이바지함을 목적으로 한다."고 법령 목적을 제시합니다. 이를 위해서 소방 장비 및 소방 용수 시설, 화재의 예방과 경계, 소방 활동, 화재의 조사, 구조 및 구급, 소방산업의 육성 · 진흥 및 지원 등에 관한 사항들을 규정하고 있습니다. 특히 화재에 대응하는 소화용수에 대해 "소방용수시설의 설치 및 관리 등"의 항에서 언급하고 있는데, 시 · 도지사는 소방 활동에 필요한 소화전 · 급수탑 · 저수조를 설치하고 유지 관리하는 사항을 정하고 있습니다.

소방시설 설치 · 유지 및 안전 관리에 관한 관련법은 각종 시설에 대해 규정한 법으로 "이 법은 화재와 재난 · 재해, 그 밖의 위급한 상황으로부터 국민의 생명 · 신체 및 재산을 보호하기 위하여 소방 시설 등의 설치 · 유지 및 소방 대상물의 안전 관리에 관하여 필요한 사항을 정함으로써 공공의 안전과 복리 증진에 이바지함을 목적으로 한다."고 명시하고 있습니다. 화재 시설에 관한 주요 항목으로 소방 특별 조사, 소방 시설의 설치 및 유지 · 관리, 특정 소방 대상물에 설치하는 소방 시설 등의 유지 관리, 소방 대상물의 안전 관리, 소방용품의 품질 관리, 방염, 소방용품의 품질 관리 등에 관한 사항을 규정합니다.

건축물의 화재 안전을 위한 기술

초고층건축물을 비롯한 각종 건축물의 화재 안전을 위해 어떤 기술이 적용되고 있을까요? 우선 화재가 확대되는 것을 방지하기 위하여 일정한 면적으로 구획하는 방화 구획이 있습니다. 건축법에서는 면적이 1,000m^2 이상의 건축물인 경우 불연재료 또는 내화 구조로 일정한 면적을 구획하도록 정해 놓았습니다. 현재, 방화 구획의 벽에는 경량 구조의 콘크리트 소재가 널리 사용됩니다.

방화 구획은 수평 및 수직으로 설치해야 합니다. 경량벽체는 불이 수평으로 확산되는 것을 막습니다. 현재 초고층건축물에서 일반화된 커튼 월 구조에서 가장 취약한 것은, 수직방향으로 화재와 연기가 급속도로 확산될 수 있다는 것입니다. 이를 막기 위해 적용하는 것이 선형 조인트 시스템입니다. 커튼 월 구조는 바닥인 슬래브와 외벽(유리) 사이에 틈이 필연적으로 생기게 되는데, 이를 유연성이 있는 불연재로 충전하는 것이 바로 선형 조인트 시스템입니다.

열에 약한 철 구조를 화재에서 보호하기 위해 오늘날 가장 널리 사용하는 기술은 단열성이 높은 재료로 철골 주위를 감싸는 것입니다. 이런 단열 재료로는 내화

뿜칠제와 내화 도료가 사용됩니다. 뿜칠은 열을 받으면 약간 발포가 되지만, 근본적으로는 그 자체에 단열성이 있습니다. 이에 반해 내화 도료는 화재 시 열을 받으면 수백 배로 팽창하여 철골로 열이 전달되는 것을 방지합니다.

화재 시 발생하는 연기에 대응하기 위해 건축물에는 각종 제연 설비와 배연 설비가 갖추어져 있습니다. 연기를 배출하고, 피난 방향으로 접근하지 못하게 하는 제연 팬과 연기를 배출하는 배연 창이 건축물에 마련되어 있습니다. 화재가 발생하면 실내에 있던 사람들은 외부로 통하는 전실을 거쳐 비상계단으로 신속히 나가야 합니다. 이때 출입문은 화재에 견디는 방화 성능을 갖춘 방화문이어야 하는데, 방화문을 열면 피난계단과 통하는 완충공간이 있으며 완충공간에는 연기가 침입하지 못하도록 일정한 압력을 가하도록 되어 있습니다. 특히, 문을 열 때 연기가 침입하지 않도록 개방 면적 전체에 일정한 풍속이 가해질 수 있도록 공기를 공급하는 특수한 구조의 댐퍼가 설치되어 있습니다.

건축물에는 화재가 났을 때 대피자를 안전하게 보호할 수 있는 대피공간을 확보해야 합니다. 이런 대피공간은 화재 시 인명을 보호해주는 중요 시설이기 때문에 열과 연기를 차단할 수 있는 기능을 확보하여야 하고, 가능하면 사람들이 쉽게 접근할 수 있는 장소와 가까운 거리에 있어야 합니다.

화재가 발생하지 않으면 대피공간은 거의 이용되지 않기 때문에 평소에는 이 공간을 쓸 데 없다고 생각하기 쉽습니다. 실제로 많은 건축물에서 이런 대피공간을 창고 같은 다른 용도로 쓰고 있습니다. 이런 행동이 유사시에 자칫 큰 위험이 될 수 있음은 물론이죠.

화재 안전시설은 평소에 잘 유지 관리하는 것이 정말 중요합니다. 하지만 평상시에는 잘 활용되지 않고 설치비도 높기 때문에 등한시하는 경우가 많습니다. 그러나 유사시에 제 기능을 확보하지 못할 경우 대형 인명 및 재산피해를 일으킬 수 있기 때문에 평상시 용이하게 유지관리가 이루어질 수 있는 기술개발이 필요합니다. 앞으로 화재 안전 기술은 이런 방향으로 발전 될 것으로 보입니다.

화재층 연기 제어 기술

초고층건축물은 화재 안전 시설의 설치, 운영 및 공간확보 측면에서 불리한 점이 있습니다. 따라서 이런 건축물에 적용해야 하는 화재 안전 규정도 강화되어야 합니다. 30층 이내에서 대피층을 확보하도록 하거나, 내화 기준을 강화하는 것 등이 그 사례입니다. 100층 이상의 초고층건축물이 일반화되고 있는 현실에서 화재 안전에 대비하는 새로운 기술로는 먼저 화재층 연기 제어 기술을 들 수 있습니다. 층간 연기 제어 시스템은 배기와 급기를 통해 화재가 발생한 층에서는 부압을 형성하고 상부층에서 평상시 이용하는 공기 조절 시스템을 연기 제어에 사용할 수 있다는 장점이 있습니다.

표 11.1 현재 운영 중인 초고층건축물의 연기제어 시스템 설치 현황

현재 운영 중인 주요 초고층건축물의 연기제어 시스템 설치 현황

구분	Jin Mao Building	Petronas Towers	101 Tower	John Hancock Center	Sears Tower (Willis Tower)
사진					
위치	상하이	쿠알라룸푸르	타이페이	시카고	시카고
높이(m)	421	452	508	344	442
층수	88	88	101	100	108
준공년도	1999	1998	2004	1969	1974
피난계단	계단과 부속실 가압	계단 가압	계단 가압	부속실 자연환기	부속실 자연환기
거실	Sandwich 가압	Sandwich 가압	복도 가압	제연구역 배연	제연구역 배연

위 표에서와 같이 초기 초고층건축물은 연기의 배연을 중심으로 하는 계단 및 거실 연기제어 시스템이 적용되었으나 빌딩의 높이가 증가하고 관련 설계기술이 발전하면서 경제적이고 연기제어에 효과적인 Zoned Smoke Control 기법이 사용되고 있으며, 이를 이용하여 화재층을 중심으로 상하층에서 가압하여 연기가 상하층으로 확산되지 않게 하는 Floor-to-Floor 연기제어 시스템을 개발하고 있다.

Floor-to-Floor 연기제어 시스템은 Zoned Smoke Control 기법의 일종으로서 각층의 한 개 층 전체를 연기구역(Smoke Zone)으로 설정한 후 화재가 발생한 층에서는 배기를 수행하고 화재발생 층의 상부층과 하부층에서는 외부공기의 급기를 수행한다.

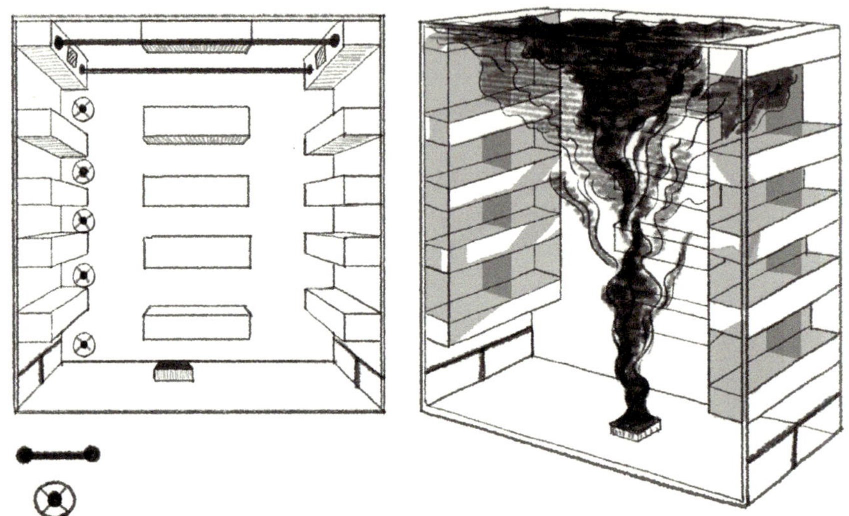

그림 11.2 Floor to Floor 연기제어 시스템 개요

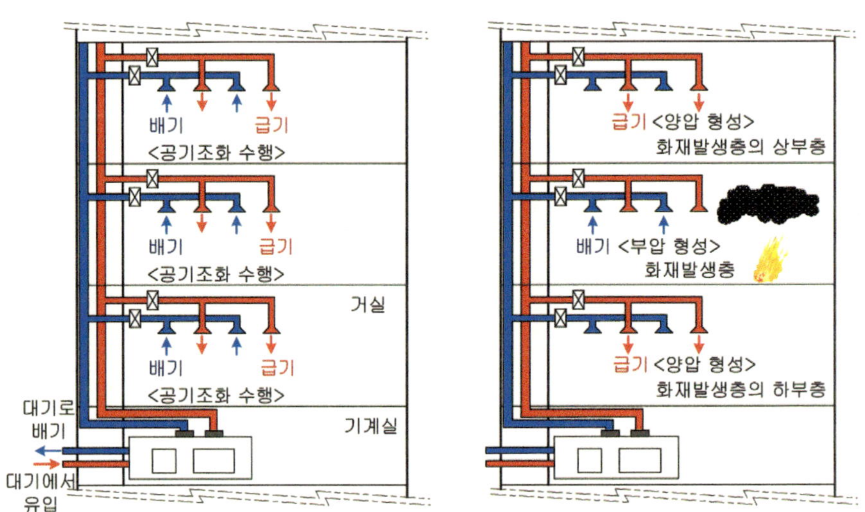

그림 11.3 연기제어 시스템 개요

수직 연기 제어 기술

초고층건축물은 구조상 연돌 효과가 발생합니다. 연돌 효과(stack effect)란 건축물 외부의 공기에 비해 상대적으로 온도가 높아 밀도가 낮은 건축물 내부의 가벼운 공기가 부력에 의해 상부로 상승하는 현상을 말합니다. 이것이 굴뚝에서 일어나

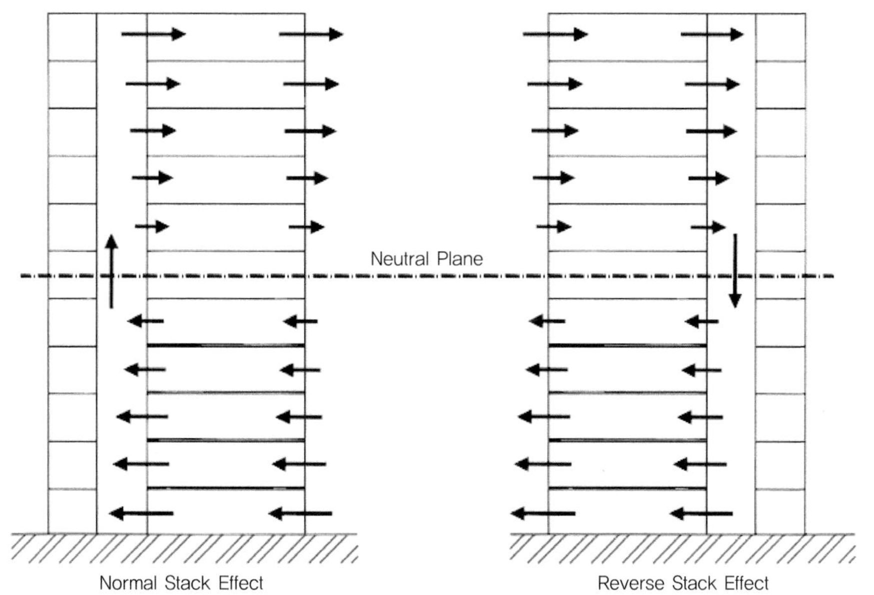

그림 11.4 건축물에서 연돌현상에 의한 기류흐름 개념도

는 기류 흐름과 유사하여 연돌 효과 또는 굴뚝 효과라 하며, 여름철에는 건축물 외부의 공기가 더 따뜻하여 겨울철과는 반대로 건축물 내에서 기류가 하강하는 현상이 나타나게 됩니다. 연돌 효과의 영향은 건축물 내외 온도차에 비례하여 커지므로 여름철은 겨울철보다 상대적으로 연돌 효과의 영향이 작습니다. 따라서 우리나라와 같이 겨울에 실내외 온도차가 큰 지역 초고층건축물에서는 연돌 현상에 의해 층별 압력차가 크게 발생하게 됩니다. 이런 요인 때문에 평상시 건축물을 사용할 때에도 문제가 생기고, 화재 시에는 수직으로 연기가 확산될 수 있기 때문에 세심한 주의와 계획이 필요합니다.

특히 급기 가압 제연 시스템을 적용한 건축물에서는 공간별 압력 차이로 제연 성능에도 문제가 생기게 됩니다. 이에 따라 초고층건축물에서 수직방향으로 연기가 확산되는 것을 막을 수 있는 기술이 필요합니다. 초고층 빌딩 연구단에서는 75층 규모 초고층건축물을 대상으로, 네트워크 시뮬레이션 프로그램인 '컨탬(Contam)'을 활용하여 여름과 겨울의 환경조건을 고려해서 압력 분포 시뮬레이션을 수행해 보았습니다.

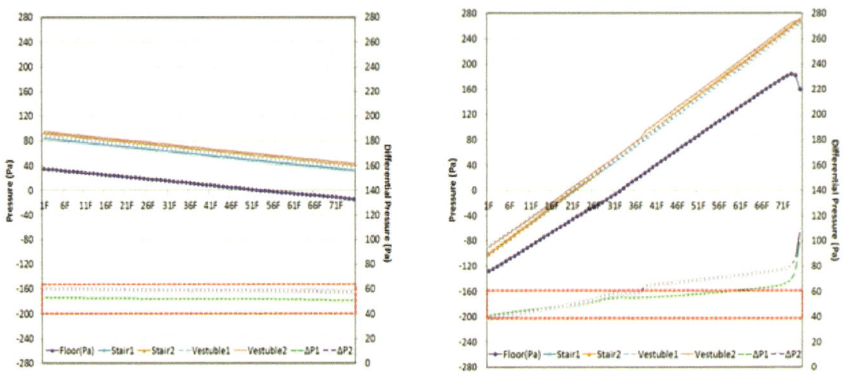

그림 11.5 75층 규모 초고층건축물의 압력분포 시뮬레이션 결과(좌: 여름, 우: 겨울)

위 그림에서 볼 수 있듯, 여름에는 실내외 온도차가 상대적으로 크지 않기 때문에 연돌 현상 발생량이 크지 않습니다. 따라서 공간별 압력 분포도 크지 않습니다. 그래프 아래쪽에서 볼 수 있듯이 급기 가압 제연 시스템에 필요한 차압 범위(40~60Pa)을 유지할 수 있습니다.

반면 겨울에는 연돌 현상 발생량이 크게 나타나 40층 내외 이상에서는 과도한 차압이 발생합니다. 급기 가압 제연 시스템의 적정한 차압을 유지하기가 어렵지요. 초고층빌딩연구단에서는 일정 규모 이상의 초고층건축물에서 수직적 분절을 통해 연돌 현상을 제어하고 제연 성능을 확보할 수 있는 방법을 모색했습니다. 네트워크 시뮬레이션 모델을 활용한 분석을 여러 차례 실시한 결과 우리나라 기후 환경에서는 최고 40층마다 수직적 분절을 통해 연돌 현상 등의 압력 분포를 제어할 필요가 있는 것으로 나타났습니다.

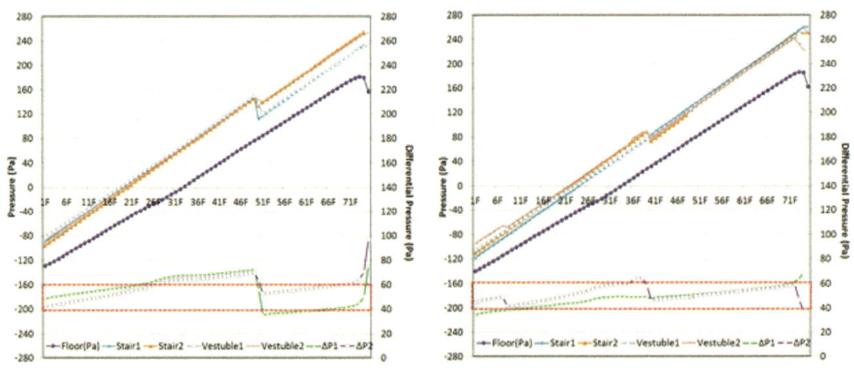

그림 11.6 수직구획화에 따른 압력분포 변화(좌: 50층, 우: 40층)

우리나라의 초고층건축물에는 피난층이나 지상으로 통하는 직통 계단과 직접 연결되는 피난안전구역을 지상층으로부터 최대 30개 층마다 설치하도록 건축법 시행령 제34조에서 규정하고 있습니다. 이 점을 고려할 때, 피난 대피층과 연돌 효과 제어를 연계해서 30층마다 수직적 분절을 시행하는 것이 바람직해 보입니다.

화장실을 대피 공간으로 만드는 기술

고층건축물의 경우 화장실은 평상시 악취 등을 배출하기 위하여 송풍기와 풍도(바람 통로)인 덕트로 구성된 배기 시스템이 설치되어 있습니다. 또한 화장실에는 항상 급수가 이루어지고 있기 때문에 화염과 연기에 대한 방호 기능을 추가하면 화재가 발생했을 때 긴급 대피공간으로 활용될 수 있습니다. 화장실 출입문이 방화성능을 갖추도록 화장실 앞쪽 문틀에 수막노즐을 설치하고, 화재 발생 신호가 감지되면 화장실 출입문 전방에 상단에서 하단으로 물을 흘려 수막을 형성하면 화염으로부터 화장실 구획을 보호할 수 있습니다.

또한, 평상시 배기를 위해 가동하는 화장실의 배기 시스템을 급기 시스템으로 전환하고, 이렇게 전환된 급기 시스템을 통해 외부 공기를 화장실로 공급하여 가압이 되도록 하면 화재가 났을 때 유독가스를 포함한 연기가 화장실로 유입되는 것을 막을 수 있습니다.

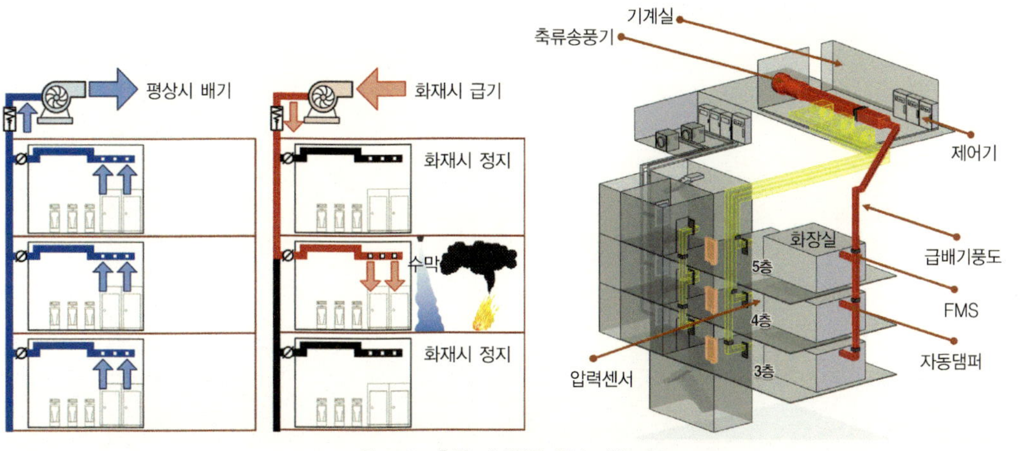

그림 11.7 층별 피난공간 확보 기술 개요

초고층빌딩연구단에서는 화장실을 활용한 피난 공간 확보 기술에 대한 신뢰성을 검증하기 위하여 3, 4, 5층에 화장실을 설치하고 실험을 수행하였습니다. 기계실에는 축류 송풍기를 설치하고 평상시에는 급배기 풍도로 화장실 배기를 수행하며, 화재 발생 같은 비상시에는 축류 송풍기를 역회전시켜 화장실에 급기를 수행하도록 했습니다. 이때 압력 센서를 이용해서 화장실과 외부의 압력차를 측정하도록 하고, 압력차가 설계치대로 유지되도록 수평 풍도에 설치된 자동 댐퍼의 열린 정도를 조절할 수 있도록 하였습니다.

이렇게 설비를 갖춘 후 출입문 입구에 약 1MW 크기의 화재를 발생시키고, 실내와 외부의 압력 차이를 40Pa로 유지시켜 시험을 해보았습니다. 그 결과 화장실은 화재 대피 공간의 기능을 완벽하게 확보하는 것으로 확인되었습니다.

건축물을 대상으로 현장 실험을 실시한 결과 실내의 모든 가연성 재료들이 완전히 소실되었지만 화장실만 완벽하게 피해를 입지 않았음을 확인한 것입니다.

이 기술은 건축물 어디에서나 연결할 수 있는 급수 배관 및 소화 배관을 이용하고 기존의 배기설비를 이용하기 때문에 화재 대피공간을 마련하는 데 소요되는 시설 공사비를 크게 줄일 수 있다는 장점이 있습니다.

특히, 건축물이 고층화되고 노약자들의 인구 비율이 점점 높아지는 현재의 사회적 변화를 고려할 때 현 세태에서, 화장실을 활용한 대피 공간 확보 기술은 국내외적으로 새로운 개념의 화재 대피공간기술을 제안하는 성과를 낳았습니다.

그림 11.8 층별 피난공간 확보기술의 현장 실화재 실험

무지향성 연기 제어 댐퍼 기술

일반적으로 건축물에 설치되어 있는 급기 가압 제연 시스템의 원리는 화재 발생 시 사람들이 연기를 피하여 대피할 수 있는 피난통로인 계단실과 거실 등 실내 공간 사이에 완충공간인 전실을 두고, 제연 댐퍼를 통해 공기를 공급하여 연기가 들어오지 못하도록 합니다. 사람들이 안전하게 계단실을 이용하여 대피할 수 있도록 방연풍속을 형성시키는 것이죠.

현재 일반적으로 사용되는 제연 댐퍼의 실제 성능을 검토해보면 설치되는 위치에 따라 방연 풍속 확보가 곤란하거나 역류가 발생되는 경우도 나타났습니다. 이에 따라 초고층빌딩연구단에서는 기류의 방향이 특정 방향으로 치우치지 않고 전실 내에 골고루 퍼질 수 있도록 하여 안전 성능을 개선할 수 있는 '부지향성 제연 댐퍼 시스템'을 새롭게 개발하였습니다.

이 새로운 장치의 성능을 알아보기 위해 여러 차례의 테스트도 거쳤습니다. 실험을 위해서 기존의 급기 가압 제연 시스템을 댐퍼 위치를 기준으로 대향, 배면, 측면 등 총 5곳에 설치했습니다. 기존의 댐퍼를 놓고 출입문 위치를 달리 하여 테스트해본 결과 급기 가압 제연 댐퍼가 화재실 출입문 앞쪽과 옆쪽에 있을 때에는 연기가 역류하는 것을 볼 수 있었습니다. 이렇게 되면 화재가 일어났을 때 연기가 전실 안으로 들어오게 되어 사람들에게 치명적인 위협이 될 수 있습니다.

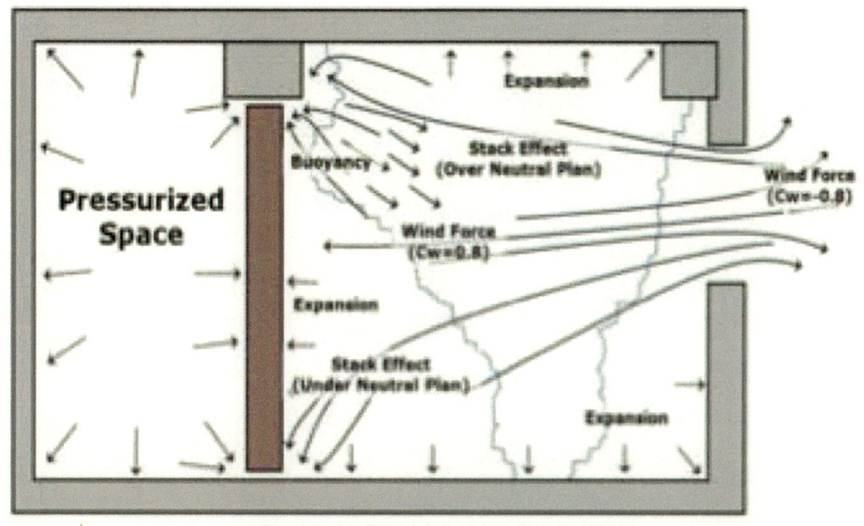

그림 11.9 급기가압 제연 시스템 원리 및 개념도

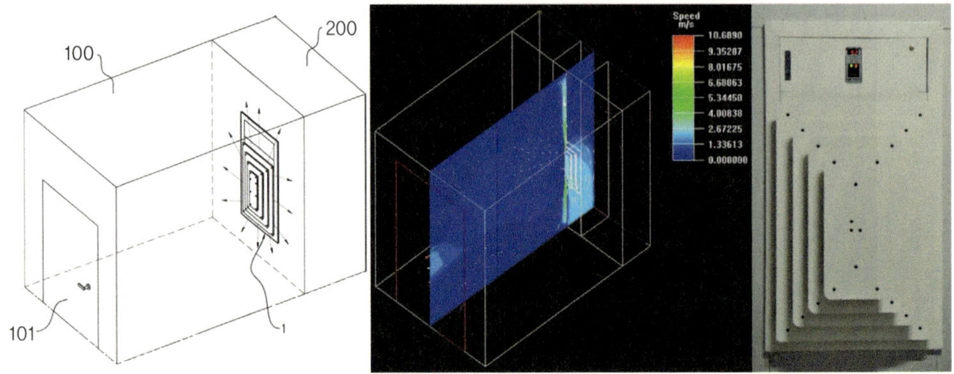

그림 11.10 무지향성 제연댐퍼 개념도 및 개발 제품 예시

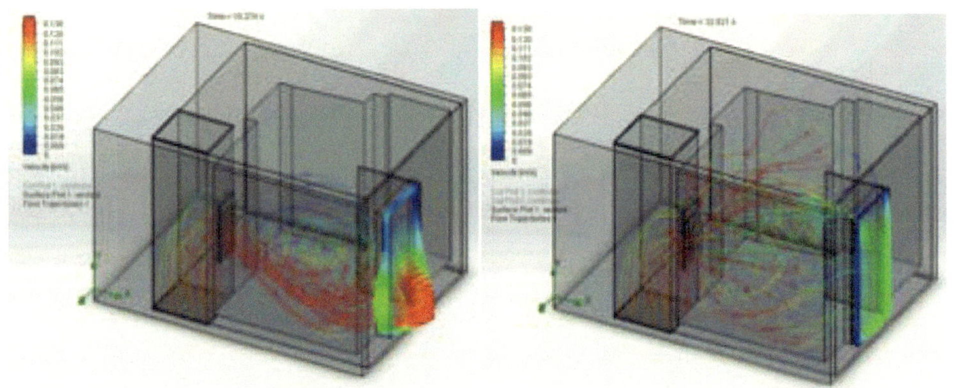

그림 11.11 기존 제연댐퍼(좌)와 무지향성 제연댐퍼(우) 가동시 기류 분포 및 방연풍속

이런 결과에서 볼 때, 화재가 발생했을 때 연기유입을 방지하기 위해서는 급기가압 댐퍼의 위치에 유의해야 함을 알 수 있습니다. 보다 근본적으로 문제를 해결하기 위해서는 설치 위치와 상관없이 제연에 필요한 풍속을 확보할 수 있는 기능을 갖춘 제연 댐퍼를 설치하는 것이 좋습니다.

초고층빌딩연구단에서 새롭게 개발한 무지향성 제연 댐퍼 기술이 바로 이런 특징을 가지고 있습니다. 신기술인 무지향성 제연 댐퍼는 테스트 결과 어떤 위치에 설치하더라도 방연 풍속을 확보할 수 있는 것으로 확인되었습니다. 또 5층 규모의 공동주택을 대상으로 실물 화재 실험을 실시한 결과 화재실이 전소될 때까지 무지향성 댐퍼 시스템은 제연 성능을 제대로 발휘해서 대피로에 연기가 확산되지 않도록 하는 성능이 있음을 확인했습니다.

영구 거푸집 겸용 내화시스템 기술

최근 건설 현장에서는 고강도 콘크리트의 사용이 점점 늘고 있습니다. 특히 초고층건축물을 건설할 때 고강도 콘크리트는 여러 장점을 가집니다. 하지만 고강도 콘크리트의 경우 보통 콘크리트와 달리 조직이 치밀하여 고온에서 부재 표면이 떨어지거나 탈락하는 폭렬 현상이 발생하기 쉽습니다. 즉 화재 안전성이 저하되는 것이죠. 따라서 기술적으로 고강도 콘크리트의 내화성능을 확보할 수 있는 대책 마련이 반드시 필요합니다. 국토교통부에서도 이와 관련하여 고강도 콘크리트를 사용할 때에는 반드시 그 내화 시험을 해서 성능을 확인한 후 공사를 진행할 것을 의무로 지정해 놓았습니다.

현재까지는 콘크리트에 섬유를 혼입하여 내화성능을 확보하는 방법이 가장 널리 쓰입니다. 섬유 혼입 공법을 이용하면 화재시의 고온 고열에 섬유가 녹으면서, 콘크리트 내부의 수분이 섬유가 녹은 통로를 통해 외부로 빠져 나가게 됩니다. 그 결과 콘크리트 내부에 발생하는 압력을 크게 줄일 수 있습니다. 하지만 이 방법을 사용하면 화재 발생 후에 건축물의 기둥이나 보에 예기치 않은 변형이 발생할 수 있습니다. 당연히 보수나 보강, 재건축을 하기 위해 경제적 비용이 필요하게 되죠. 섬유 혼입 공법의 이런 문제점을 해결하기 위해 초고층 빌딩 연구단에서는 영구 거푸집 겸용 내화 시스템 기술을 개발하고 있습니다.

이 방법은 탄소저감형 재료로 구성된 영구 거푸집의 단열성능으로 내화성을 확보하는 방안입니다. 콘크리트를 타설한 후에도 탄소저감형 재료로 만든 거푸집을 제거하지 않고 그대로 두어 내화성능과 내구성을 확보합니다. 이 기술에서는 기존

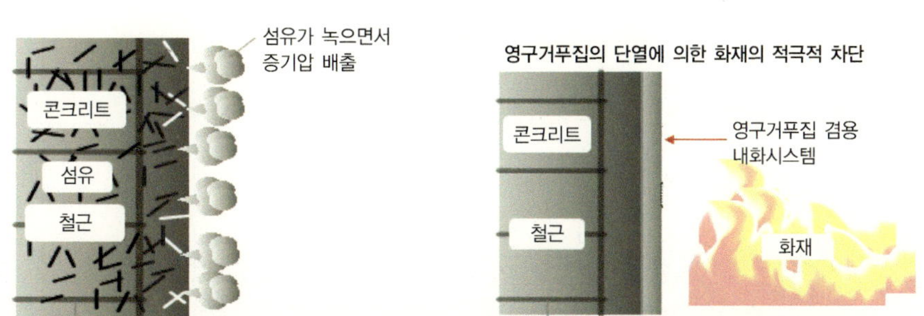

그림 11.11 기존 제연댐퍼(좌)와 무지향성 제연댐퍼(우) 가동시 기류 분포 및 방연풍속

의 시멘트계 결합재가 아닌 탄소저감형 재료를 이용하는 점, 영구 거푸집의 단열 효과로 내화성능을 확보하는 점, 탄소저감형 재료의 구조를 통하여 내화성능만이 아니라 내구성을 향상시키는 데 있습니다. 이 기술은 화재가 발생한 후에도 구조 안전성을 확보할 수 있죠.

또한 콘크리트 타설 후에 거푸집을 제거하지 않기 때문에 거푸집 공사와 마감 공사에 소요되는 비용을 절감할 수 있는 장점도 있습니다.

화재 시나리오 개발 기술

초고층건축물은 특히 완벽한 화재 안전성을 확보할 수 있도록 설계단계에서 관련기술을 선정하고 이를 반영하는 것이 중요합니다. 예상할 수 있는 최악의 시나리오를 선정한 후 공학적 분석 툴을 이용하여 방재설계를 수행해야 합니다. 어떻게 불이 나서 어떤 식으로 진행되어 피해를 일으키는지를 예측하는 화재 시나리오는 화재의 위험성을 평가하는 데 중요한 역할을 합니다.

지금까지 화재 시나리오는 이를 설계하는 사람의 경험과 직관에 따라 작성되었습니다. 선정된 화재 시나리오의 명확한 근거를 제시하는 경우는 거의 없었죠. 예를 들어 동일한 주방에 대한 화재 시나리오를 만든다고 해 봅시다. 설계자 A는 식당에 사람이 살고 있다고 생각하고 일반적인 화재가 발생하는 시나리오를 짤 수 있지만, 설계자 B는 프로판 가스에 의해 급속히 화재가 커지는 시나리오를 만들 수도 있습니다. 여기에 국가나 문화, 인종 같은 다양한 요건이 개입하게 되면 화재 시나리오는 천차만별로 다양해집니다. 화재에 대해 이해 당사자들과 사회 구성원이 공감할 수 있는 시나리오 작성 기법이 필요한 이유가 여기에 있습니다.

화재 시나리오는 화염 발달과 연기 확산으로 전개되며, 불연속적인 시간 진행(Transient status)에 따른 사건들의 조합으로 정의됩니다. 사건은 화재 발달 과정인 발화-화재 성장-연기 확산-거주자의 화재 감지-대피-소방대 개입-진압 등으로 진행됩니다.

초고층빌딩연구단에서는 화재 발달 모델을 이용해서 체계적으로 화재발생 조건을 나타낼 수 있는 시나리오를 새롭게 완성하였습니다. 화재의 위험을 제대로 분석하기 위해 '화재 방지 공학 핸드북'에 제시된 모델을 적용했습니다. 이 모델을 사용하여 대형 구조물에서 일어날 수 있는 화재의 다양한 종류와 영향을 평가하였으며, 화재 성장 및 확산 시나리오의 결과를 규정했습니다.

화재 시나리오는 건물설계 자료를 기반으로 선정할 수 있습니다. 수많은 시나리오를 직접 선정하기에는 현실적인 어려움이 있기 때문에 엑셀 프로그램에 기반한 정량적 화재 시나리오 선정 프로그램으로 구성하게 되었습니다.

초고층빌딩연구단의 연구를 통해 개발된 화재 시나리오 선정 기법은 국내외 화재 발생 통계를 근거 자료로 활용했습니다. 특히 화재의 발달 과정을 고려한 부분은 세계적인 수준에 근접할 만큼 화재 위험성 평가에 유용하게 이용할 수 있다는 평을 받고 있습니다. 이는 개발 초기부터 해외 선진기관과 공동연구를 통해 글로벌 표준을 대비한 체계를 고려한 덕분이기도 합니다.

고층빌딩에 적용할 수 있는 정량화된 화재 발생 시나리오를 작성할 수 있게 되고, 이 시나리오 기술이 세계에서 인정을 받게 되는 것은 무척 의미가 있습니다. 그 시나리오에 따라 작성한 화재 안전 설계 역시 해외 사업에서 인정받으며 경쟁력을 확보할 수 있기 때문입니다.

Chapter 12

에너지 사용 'ZERO'에 도전한다.

복사 냉난방 패널시스템으로 에너지 절약

건축과 에너지 대책

전 지구적으로 온실가스 배출을 비롯한 환경 문제가 심각한 주제로 대두하고 있습니다. 온실가스 총량규제, 배출권 거래제(ET: Emissions Trading) 도입 등 온실가스 배출 감축과 관리를 둘러싸고 국제적인 논의가 계속 오가고 있습니다. '온실가스 배출권' 거래가 활성화되고, 관련 기술의 국제 표준을 장악하기 위한 경쟁도 치열합니다. 지구온난화의 주범으로 꼽히는 온실가스의 발생 원인 중 80% 이상이 산업 분야나 건축물의 에너지 소비에서 발생하고 있습니다. 건축물에너지 소비는 80% 이상이 냉난방 및 전기설비 사용 과정에서 발생한다고 합니다.

한국은 2002년 온실가스 배출량이 세계 9위, 에너지 소비량이 세계 10위 수준이었습니다. 1990년 이후 이 양이 매년 5.1% 이상 증가하면서, 온실가스를 감축하고 건축물에너지 절약을 촉구하자는 자각이 확산되고 있습니다. 정부에서도 온실가스 배출을 줄이기 위해 건축물에너지 절약과 탄소배출 거래와 관련된 정책을 단계적으로 추진해오고 있는 실정입니다.

특히 초고층건축기술 분야에서 경쟁력을 확보하기 위해서는 건축물 환경 개선에 대한 사회적 요구를 반영하고, 친환경 에너지 기술에 대한 연구와 기술 보급을 진행해야 합니다. 지금까지 국내 초고층 주상복합건축물은 대부분 과도한 냉난방 비용이 발생하는 것으로 알려졌습니다. 초고층건축물이 에너지를 과다하게 사용한다는 사회적 눈총을 받고 있는 것이죠. 게다가 건축물의 환기 부족으로 거주 환경이 나쁘다는 지적도 계속 등장했습니다. 이는 초고층 주상복합건축물의 경우 건축물 외피로 인해 야기되는 냉난방 부하가 크고, 쾌적한 거주공간을 유지하기 위해 냉난방 · 공조 · 급탕 및 전기설비 등에서 에너지를 많이 사용하기 때문입니다. 초고층 주상복합 건축물은 여름철에는 커튼 월을 통해 햇빛이 많이 들어오는 반면, 기밀성능이 우수한 커튼 월 시공으로 창이 마음대로 열리지 않습니다. 따라서 자연환기가 어렵고 냉방의 필요성이 커지지요.

이런 요인 때문에 초고층건축물은 거주자 입장에서는 온열환경만이 아니라 빛환경, 공기환경 측면에서 열악한 조건이라고 할 수 있습니다. 이런 문제점을 해결하기 위해서는 기본적으로 건축물 외피에서의 열부하를 줄이고, 에너지 효율이 높은 설비기술을 적용하며, 신재생에너지를 효과적으로 활용해야 합니다.

최근 국내 · 외에서 패시브하우스, 제로에너지 하우스 등 건축물에서 온실가스 배출을 줄이고 에너지를 아끼자는 노력이 등장하고 있습니다. 패시브하우스(Passivhaus, Passive house)는 전 지구적인 기후변화와 에너지 문제를 해결하기 위한 친환경 건축 개념입니다. 기본적으로 단열이 매우 잘 되어 있어 일반적인 난방시스템이 필요하지 않을 정도로 연간 난방 요구량이 매우 낮은 건축물을 패시브하우스라고 부르죠. 주거용 건축물에 국한되지 않고, 상업용 건축물은 물론 공장 건축물에 이르기까지 다양한 용도의 건축물을 대상으로 그 범위가 확대되고 있습니다.

패시브하우스는 우리가 일상생활에서 사용하는 보온병과 같은 원리입니다. 건축물이 하나의 커다란 보온병이 되어 실내외 열의 유출입량이 매우 적어지면, 여름에는 실외의 뜨거운 열이 거의 실내로 들어오지 않고, 반대로 겨울에는 실내의 따뜻한 열을 거의 실외로 잃지 않게 됩니다. 건축물에 필요한 최소한의 냉난방 에너지는 폐열회수 환기 시스템에서 급기를 냉각 또는 가열함으로써 공급받을 수 있습니다. 이를 통해 바닥 면적당 연간 난방 에너지 요구량을 15kWh/(m^2a) 이하로 유지할 수 있습니다. 패시브하우스는 현재 지어지고 있는 보통 건축물과 대비했을 때 난방에너지 기준으로 75%의 에너지가 절약되는 건축물입니다. 최근에는 건축물에서 소비하는 에너지를 줄이는 기술을 넘어 태양광 발전, 태양열 난방, 지열, 풍력 발전 등 설비적인 기술을 적용하여 건축물에서 에너지를 생산하는 플러스에너지빌딩 기술도 계획되고 있습니다.

초고층건축물의 에너지 환경

일반적으로 초고층건축물은 다양한 기능을 복합적으로 갖추고 있습니다. 또 공간의 효율성과 기능성을 극대화하기 위해 보통은 중심 코어 부위에 전체 바닥면적의 20~25% 가량이 되는 엘리베이터나 계단실 · 기계실 · 화장실 등이 밀집되어 배치되어 있습니다. 중심 코어는 건축계획상 공간을 수직적으로 연결하기 위한 동선으로 활용되곤 합니다.

초고층건축물에서는 코어 부위의 수직 샤프트 내에서 발생하는 연돌 효과 때문에 준공 후 건축물에서 결로 및 소음, 엘리베이터 오작동 같은 문제가 발생할 수 있었습니다. 초고층건축물에서 외피시스템은 건축물 외관에 큰 영향을 미치는 구성 요소입니다. 많은 초고층건축물들이 건축물 외피 전체가 유리로 이루어진 경량 구조의 커튼 월 방식으로 설계 시공됩니다. 이런 구조의 건축물은 평면상 중심 코어 구조이기 때문에 중 · 저층 건축물에 비해 창의 면적이 넓어집니다. 또 외피 시스템이 외부의 태양광이나 바람 같은 기후 조건에 직접 노출되기 때문에 건축물의 냉난방 부하를 증가시키는 주요 요인이 됩니다.

최근에는 건축물에너지를 절약하기 위해 외피 시스템에서 고기밀 성능의 커튼 월 방식이 적용되고, 거주자 안전 등의 이유 때문에 개폐 가능한 창문의 면적이 줄어들고 있는 추세입니다. 그래서 외부 기후에 따라 실내환경을 조절하기 위해서는 별도의 기계환기 시스템을 통해 신선한 바깥 공기를 도입해야 합니다. 따라서 초고층건축물에서는 환기에 의한 냉난방 부하가 크게 나타나며, 건축물의 수직 단면상 더 넓은 덕트 면적이 필요해지면서 층고가 높아집니다.

기존 건축물과 달리 초고층건축물에서는 이러한 특징 때문에 초기 기획 단계부터 층고 증가에 따른 공간 활용 문제나 연돌 효과에 따른 건축 및 설비 문제, 건축물의 에너지 과소비 문제 등을 기술적으로 해결하기 위한 방안을 종합적으로 검토해야 합니다.

초고층 주상복합 건축물은 일반적으로 입주자들이 창문을 열고 닫기가 어렵게 되면서 기계환기 장치에 의존하여 실내 환경을 조절해야 하는 곳이 많습니다. 그러나 많은 입주자들이 기계환기 장치의 운전에 익숙하지 않은 실정이라 실내 환경에 불만족하면서도 냉난방 전기 요금은 요금대로 크게 늘어나는 현상이 잦았습니다. 환기를 제대로 실행하지 않기 때문에 오히려 냉난방 전기 요금이 늘어나는 결과로 이어졌던 것입니다.

이런 문제점들을 해결하기 위해 정부 및 국내 건설사 및 관련 학계, 연구소에서는 다각도로 연구를 수행해왔습니다. 초고층 주상복합건축물에서 기계환기 효율화를 위한 기술과 여름철 일사 유입에 따른 냉방부하를 줄이는 기술, 주상복합건축물에서 냉난방에너지 소비를 줄이는 기술, 연돌 효과로 발생하는 문제점을 해결하는 기술 등 다양한 기술을 연구하는 중이죠.

에너지 자립은 가능할까

해외는 물론 국내에서도 이제는 초고층건축물의 설계와 시공 모두에서 친환경적이고 에너지 절약형인 설계를 '기본'으로 합니다. 그렇다면 초고층건축물의 에너지 절감 목표인 '에너지 제로(ZERO)화'는 가능할까요?

노먼 포스터가 설계한 독일 프랑크푸르트의 상업은행(Commerzbank) 건축물은 56층에 높이 259m의 규모로 1997년 완공되었습니다. 이 건축물은 기존의 정형화된 평면 형태에서 탈피하여 삼각형 평면의 타워형 아트리움을 통해 실내에 자연 채광과 자연 환기가 가능하도록 유도하고 있습니다. 개방형 창문으로 자연 환기가 가능해지면서 건축물 실내 환경 문제가 개선되고 에너지 소비량도 줄었죠. 또한 건축물 옥상에는 거주자를 위한 정원을 배치하여 고층부의 주거 환경을 크게 개선하였습니다.

최근 미국의 대형 설계사무소 SOM(Skidmore, Owings & Merrill)에서 중국 광저우에 설계한 펄 리버 타워(Pearl river tower)의 경우 건축가와 엔지니어가 설계 초기부터 에너지를 자급할 수 있는 건축물을 목적으로 긴밀하게 협조했습니다. 그 결과 건축물의 친환경적 디자인이 좋은 평판을 받고 있습니다. 이 건축물은 에너지 절약을 위해 이중 외피와 자연 채광 제어, 복사냉난방 시스템, 풍력발전이나 지열·태양광 시스템 등을 종합적으로 적용하고 있습니다. 또 건축물 외관 디자인에서도 풍속을 증가시킬 수 있도록 설계해서 이때 발생한 바람을 풍력 터빈에 통과시켜 전력을 생산하고 있습니다. 자연 환기형 이중 외피(ventilated double skin facade)는 태양열 유입을 막고 자연 환기구를 통해 실내의 오염된 공기를 빼낼 수 있도록 설계되었습니다. 또한 천장 복사 냉난방시스템을 적용하여 에너지를 절약하고 쾌적한 환경을 만들었습니다. 층고에 영향을 미치는 덕트 공간도 최소화하여 설계했습니다. 펄 리버 타워는 버려지는 배열과 폐열을 최소화하고 있습니다. 자연 채광을 자동으로 조절할 수 있도록 북쪽과 남쪽 입면에 자동 블라인드도 설치했습니다. 이 건축 프로젝트는 초고층건축물을 디자인의 관점에서만 본 것이 아니라 설계 초기 단계부터 일사나 주변 기류의 영향, 연중 온도 변화에 따른 냉난방 부하 등을 다각도로 분석하여 형태와 시스템을 구축했습니다. 이런 모든 계획의 목표는 물론 에너지 사용을 최소화하고 거주자의 쾌적을 높이는 데 있습니다.

2008년 숀 킬라(Shaun Killa)가 설계한 바레인의 WTC 건축물은 건축 디자인에서 풍력 터빈을 가장 적극적으로 적용한 사례로 화제가 되었습니다. 3개의 스카이브리지(sky bridge)에 각각 225kW급 풍력 터빈을 설치하여 총 675kW급의 풍력발전 설비를 갖춘 것입니다. 각 터빈의 지름이 29m나 되기 때문에 건축물 형태에 큰 영향을 주고 있습니다. 이 건축 프로젝트에서는 두 개의 돛을 형상화한 건축물 사이에 틈이 있어서 그 사이로 통과하는 기류의 흐름이 빨라지게 되고, 이 흐름을 최대한 이용하여 전력을 생산하고 있습니다. 설계 단계에서부터 에너지 생산을 계산해서 건축물 형태와 규모를 디자인한 것이지요.

최근 국내에서 추진 중인 잠실 제2롯데월드의 경우 지하 6층 · 지상 123층, 최고 높이 555m에 총 연면적이 78만 2497㎡에 이릅니다. 호텔이나 업무용 사무실 · 백화점 · 문화 공연시설 등이 복합적으로 계획된 이 프로젝트에서는 고성능 커튼 월 기술은 물론, 저에너지 설비기술과 태양광과 지열 · 풍력 · 연료전지 등 신재생 에너지 기술을 활용하여 최첨단의 에너지 절약 기술을 집약적으로 보여줍니다. 또한 사업부지 내 생태 면적률을 30% 이상 확보하여 친환경 녹지공간을 조성해나갈 계획입니다. 이를 위해 수직형 풍력 발전기를 건축물 옥상에 설치하고, 고층부 외벽에 건축물 일체형 태양전지를 설치해 전기에너지를 공급하며, 지열 냉난방 시스템을 도입하여 건축물 냉난방에 활용하고 있습니다. 지금까지는 고려되지 않았던 광역 상수도 배관 내 물의 수온차를 활용하는 열원 설비와 생활하수에서 버려지는 열을 회수하여 쓰려는 계획도 준비되어 있습니다. 버려지는 물을 절약하기 위해 중수처리 시설과 빗물 저수조도 건축물 내에 들어설 것입니다. 또한 기존의 롯데월드와 제2롯데월드에서 나오는 가연성 쓰레기를 고체연료로 가공하여 다시 냉난방 연료로 쓸 예정입니다. 이런 계획을 통해 국내 친환경건축물인증제도에서 최우수 등급을 취득하고, 미국 USGBC에서 시행중인 LEED인증 프로그램에서 친환경건축물 최고 등급인 'LEED GOLD' 등급을 획득하는 것이 목표입니다.

아직까지 우리나라에서는 기존의 초고층건축물이 가지고 있었던 환경과 에너지 문제 때문에 새로운 초고층건축 프로젝트에 대해서도 거부감을 가지는 사람들이 많습니다. 하지만 에너지 기술 분야에서 새롭게 개발된 친환경 저에너지 첨단기술이 접목되면서 초고층건축물은 에너지 절약형 친환경 건축물의 사례로 자리 잡을 수도 있습니다.

초고층 복합건축물이 에너지를 아끼는 법

초고층 주상복합 건축물에서 냉난방과 환기에 소요되는 에너지를 줄이기 위해서는 다양한 에너지 저감 및 효율화 기술이 적용될 수 있습니다. 1차적으로 건축물 외피를 통해 손실되는 에너지를 줄이고, 다음으로는 건축물 운영 기간 동안 손실되는 에너지를 줄여야 합니다. 또한 건축물 내 화석에너지 사용을 줄이기 위해 가급적 신재생에너지를 효과적으로 활용할 필요도 있습니다. 초고층 복합건축물은 외피 부하가 중·저층 건축물에 비하여 크기 때문에 외피의 설계와 운영을 최적화하면 에너지 사용을 줄이면서도 건축물 환경을 쾌적하게 유지할 수 있습니다. 하이테크 외피 시스템 기술을 활용하면 냉난방과 조명 에너지를 획기적으로 절약하면서 에너지를 생산할 뿐 아니라 외피를 통해 자연환기가 가능해집니다. 또한 연돌 효과를 제어할 수 있는 설계 및 시공 기술을 적용하고 동시에 이 연돌 효과를 전력 생산에 활용하는 기술을 이용할 수 있습니다. 초고층 건축물에 고단열 외피 시스템을 적용하면 에너지 효율이 무척 높아집니다. 고성능 3중유리를 이용한 초단열 설계와 외표면 대류열 손실 저감 코팅을 적용하고, 자연 환기가 가능한 이중외피 구조의 커튼 월을 설치하는 것입니다.

실내로 들어와서는 거주민들의 쾌적함과 건강을 위해 에너지를 효율적으로 운영해야 합니다. 이를 위해 IT 융합 기술을 통해 실내외 압력차, 온도차, 일사량 등을 종합적으로 고려하여 실시간으로 상황에 맞춰 냉난방과 환기를 조절하는 기술이 필요해집니다. 자연 채광, 자연 환기를 적절하게 활용할 수 있는 설계도 마련되어야 할 것입니다.

국내 초고층 오피스 건축물에는 보통 대류 방식의 공기 조화 설비가 천장 위 공간에 설치되어 있습니다. 그 결과 층고가 높아지며 냉난방과 환기 에너지 소비가 커집니다. 이에 비해 초고층 주거 건축물에서는 바닥 복사 난방과 패키지 에어컨을 이용한 냉방, 전열교환기가 적용된 덕트 연결형 기계환기설비를 이용합니다. 공간적인 측면에서나 에너지적인 측면에서 비효율적인 설계인 것이죠. 이런 문제점을 해결하기 위해 저에너지형 내부 환경 조절 설비 기술이 개발되었습니다. 이 기술은 사무실의 경우 천장이나 바닥·벽체를 활용하는 다기능 조립식 패널 시스템을 기존의 대류 방식 공조 설비와 통합 운영합니다. 또한 주거 건축물을 위해 냉난방과 환기가 통합된 콤팩트형 HVAC 시스템을 개발하여 기존 바닥난방과 통합 운영합니다. 여기에 기존에 활용하지 못했던 저온과 고온의 물을 복사패널에 활용하여 건축물 에너지 효율을 향상시킵니다. 이 기술이 적용되면 초고층건축물에서 대류 방식과 더불어 복사 냉난방이 가능해집니다. 공간의 열쾌적을 향상시키고, 천장 위 공간을 절약하여 층고 저감 효과가 발생하며, 재생에너지와 화석에너지를 통합 적용하여 에너지 효율을 높일 수 있습니다.

초고층건축물에 신재생에너지의 보급을 확대하기 위해서는 가장 효율적인 대체 에너지를 고민해야 할 때가 되었습니다. 또한 건축물에 요구되는 전체 에너지를 기존 에너지원과 재생에너지로 적절히 분담할 수 있도록 통합적으로 운영하고 관리하는 시스템이 필요합니다.

태양광 · 풍력 · 폐열이나 연료전지 · 열병합 발전 같은 복합 시스템을 초고층건축물에 최대한 활용하기 위한 기술 개발이 필요합니다. 최적의 에너지 공급 시스템을 설계해서 태양열이나 지열 시스템, 쓰레기 소각 폐열, 열 병합, 하수 및 오수, 음식물 처리에서 발생하는 바이오 매스 같은 하이브리드 열원 및 전기원의 공급 시스템을 구축하고, 반송 시스템을 개발하여 적용하면 초고층 복합건축물에서 신재생에너지를 효율적으로 활용할 수 있을 것입니다. 뿐만 아니라 용수를 재이용하고 관리할 수 있는 시스템과 초고층건축물 상층부의 수압을 이용한 무동력 여과막 재이용수처리 시스템도 설계하면 좋을 것입니다. 양질의 재이용수를 공급할 수 있게 되어 수자원을 절약하고 효과적으로 활용할 수 있기 때문입니다.

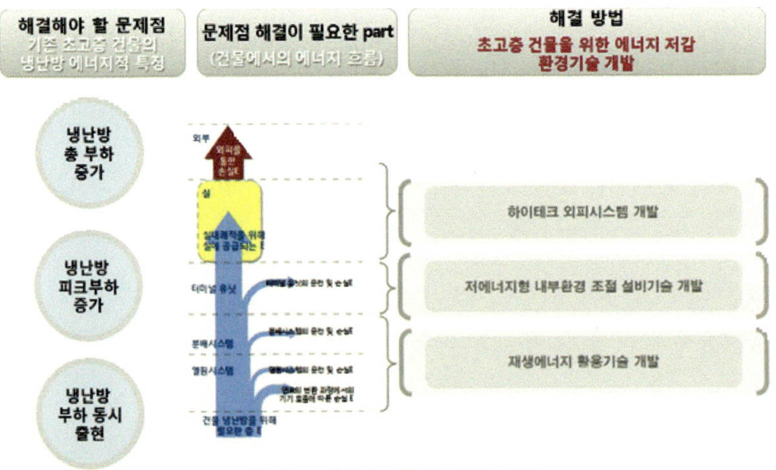

그림 12.1 에너지 저감 설계기술 개념

어떤 냉난방이 좋을까

우리는 쾌적한 실내 환경을 유지하기 위해 냉난방 설비를 설치 가동합니다. 보통 사람들에게는 난방기, 냉방기(또는 에어컨), 환기장치, 제습기, 가습기 등이 건축물에서 사용되는 하나하나의 기기로 인식됩니다. 하지만 최근의 건축물에서는 일반적으로 공기조화(air conditioning)라는 개념 아래 이런 설비가 통합적으로 적용되고 있습니다.

공기조화란 주어진 실내의 온도 · 습도 · 환기 · 기류 속도 · 실내공기의 품질 등을 함께 조절하여 실내를 사용 목적에 알맞은 상태로 유지하는 것을 의미합니다. 이 가운데서 일반적으로 사람들이 가장 감각적으로 민감하게 느끼는 것은 실내 온도입니다. 하지만 온도가 아닌 다른 요소를 무시해서는 완전한 공기조화라고 부를 수 없습니다. 공기조화란 공기의 상태를 조정하여 인간에게 쾌적한 실내 환경을 제공해야 하기 때문입니다.

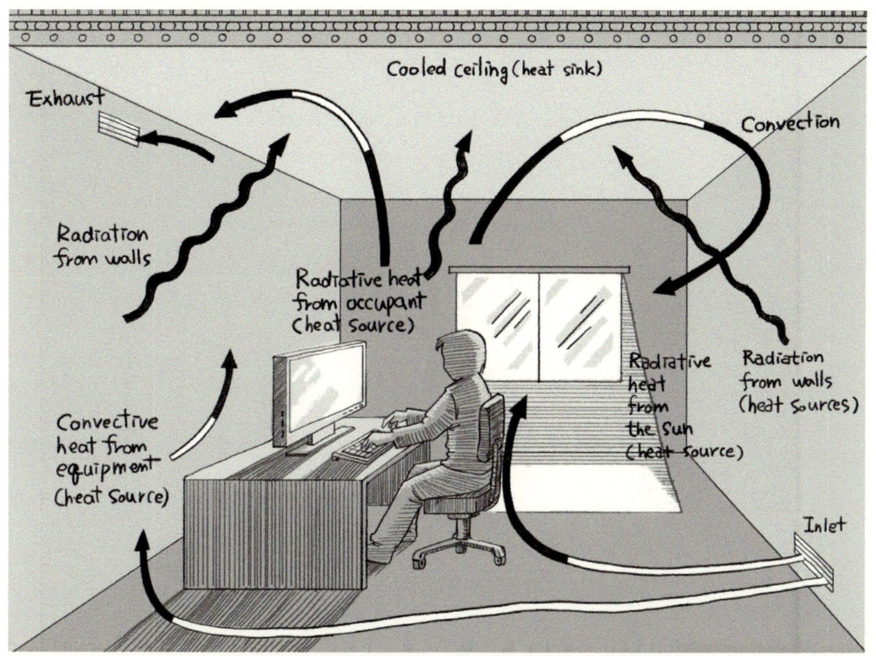

그림 12.2 복사냉난방의 적용에 따른 열전달 개념(LBNL)

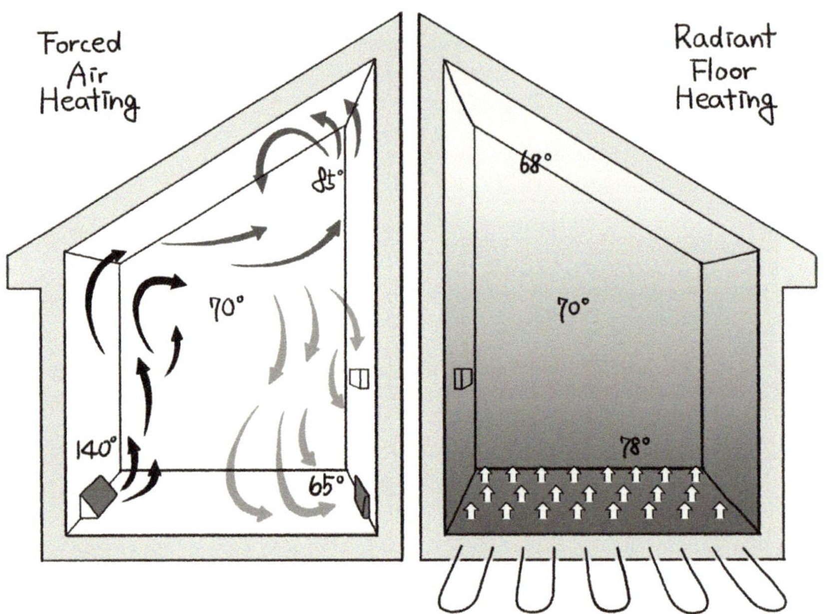

그림 12.3 대류방식과 복사방식의 실내 기류 특성(abigail design studio)

공기조화 설비는 공간과의 열교환 방식에 따라 흔히 대류 방식과 복사 방식으로 구분합니다. 일반적인 공기조화 설비는 공기를 직접 가열 · 냉각 · 가습 · 감습하기 때문에 대류 방식에 해당합니다. 반면 복사 패널을 이용하여 복사열을 발생시키고 이로 인한 대류 효과를 냉난방에 이용하는 복사냉난방은 공간과의 열 교환에서 복사의 비율이 50% 이상에 이릅니다.

복사냉난방 패널로 에너지를 절감하라

일반적인 공조 설비는 온습도를 조절하는 공조기, 공조기를 가동하기 위해 필요한 냉수/온수/증기를 만드는 냉동기나 보일러 등의 열원기기, 이 공기와 물 등을 실내로 보내는 송풍기와 덕트 또는 펌프나 배관 같은 반송기기로 구성됩니다. 공기조화설비에 사용되는 주요한 기기들의 조합에는 여러 가지 방식이 있는데, 이런 공조 설비를 대류 냉난방으로 규정할 수 있습니다.

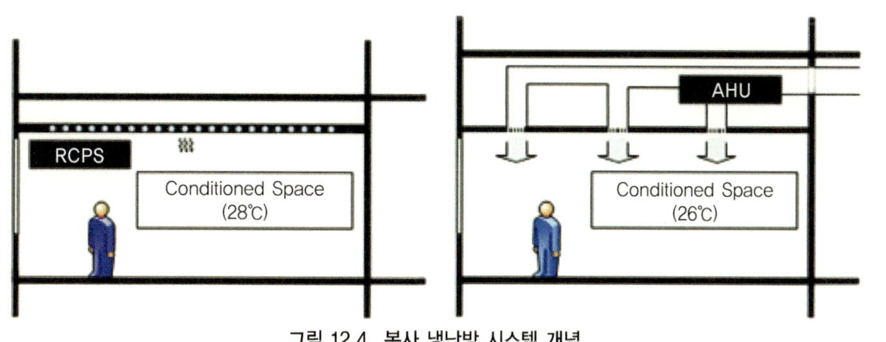

그림 12.4 복사 냉난방 시스템 개념

이에 비해 복사냉난방 시스템을 구현하기 위해서는 복사 패널(radiant panel)과 냉온수 분배 배관 및 부품(distribution circuit elements), 냉온수분배기(manifold), 제어 밸브(control valve), 열원장치(heat sources)가 필요합니다.

복사 냉난방 시스템은 열원에서 냉온수를 공급해서 냉온수 분배기를 통해 각 복사 패널로 냉온수를 공급합니다. 제어 밸브는 냉온수 온도 조절과 실온 등을 제어하기 위해 필요합니다. 천장에 설치되는 천장 복사 패널은 스틸패널, 석고보드 패널, 알루미늄 패널, 스틸+석고보드 부착형이 사용되고 있습니다.

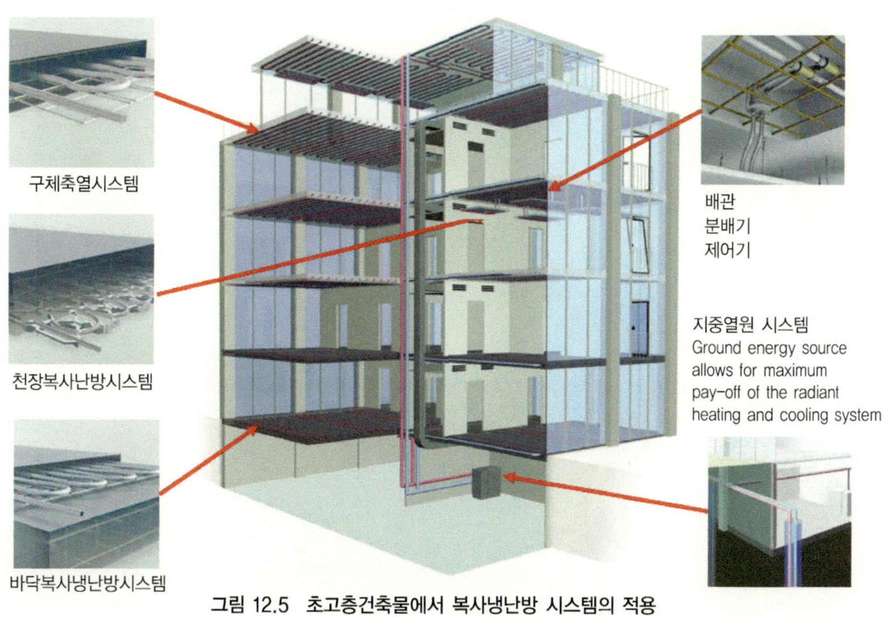

그림 12.5 초고층건축물에서 복사냉난방 시스템의 적용

복사 패널의 경우 천장이나 벽체 · 바닥형을 중심으로 기술이 개발되고 있습니다. 복사냉난방을 적용하면 다양한 열원에서 냉온수를 공급받을 수 있기 때문에 에너지 절감에 효과적입니다. 이 방식은 기존 대류방식의 공조 시스템과는 달리 물을 이용하여 냉난방이 이뤄지기 때문에 반송동력이 절감될 수 있습니다. 또한 냉방을 할 때 실온이 상대적으로 높게 유지되더라도 복사면 온도가 낮아 쾌적을 유지할 수 있기 때문에 실내 설정 온도를 높게 설정해도 됩니다.

복사 냉난방 패널은 냉방시에 상대적으로 높은 온도의 냉수로도 냉방이 가능하고, 난방시에는 상대적으로 낮은 온도의 온수로도 난방이 가능합니다. 축열 효과를 이용하는 경우는 복사냉난방 시스템의 특성상 거주자가 실내에 있는 동안 연속적으로 운전될 수 있으며, 이는 부하를 분산시키는 효과가 있어서 최대부하가 발생하는 시간을 조정할 수 있다는 장점도 있습니다.

복사냉난방 패널 시스템 시제품을 만들다

초고층빌딩연구단은 복사 패널 시스템을 개발하여 시제품을 만들었습니다. 이 시제품은 천장 패널과 바닥 패널, 벽 패널의 형태로 구분됩니다. 또한 각 형태마다 설치 형태와 방법에서 더 효율이 높아지도록 개선안도 마련했습니다.

천장 패널은 패널 시스템의 무게와 제작비용을 줄이고 시공성을 향상시키기 위해 기존 금속 소재(알루미늄, 동) 재질에서 플라스틱계열 재질로 개선했습니다. 설치 형태도 새롭게 하여 기존의 천장재에 삽입하는 삽입보드 형태인 개선안을 개발했습니다.

그림 12.6 복사 냉난방 패널 시스템 현장 적용 사례(G사 사옥 리모델링)

바닥 패널은 일반적으로 초고층건축물에서 쓰이는 바닥과 일체화될 수 있는 적용되는 패널 시스템 형태를 개발했습니다. 바닥 패널이 방열을 할 때 바닥 아래쪽 공간으로 빠져 나가는 열의 양을 가능한 한 줄일 수 있도록 바닥 패널 시스템 내부 빈 공간에 단열 물질을 채우는 대안도 마련했습니다. 벽 패널의 경우는 초고층건축물의 내부 마감 방법 특성을 고려하여 석고보드형 패널과 강판 마감형 패널, 축열 보강형 패널로 구분하여 시제품을 개발했습니다.

이렇게 새로 개발한 복사 냉난방 패널의 시제품은 국제적으로 공인된 방법에 따라 성능 평가를 거쳤습니다. 성능 평가를 무사히 마친 뒤에는 실제 건설 현장에 적용해 다시 시험을 거쳤습니다.

우선 천장 패널 및 바닥 패널을 2012년 G기업 사옥의 리모델링 현장에 적용하게 되었습니다. 실제 설계 단계에 들어가서는 G기업 사옥의 냉난방 부하 특성과 천장의 기기 배치 등을 고려하고 건축물의 구조적인 특성을 감안해서 천장 복사냉난방 패널 시스템을 설치할 수 있는 면적과 설치 개수를 계산했습니다.

G사의 리모델링 건축물에 천장 복사 패널 시스템은 설치로 끝난 것이 아닙니다. 설치한 이후 냉방이 가동되는 여름철에 운영 데이터를 수집하여 이 시스템이 에너지 절감 효과가 있는지 비교 분석을 실시했습니다. 서울에 있는 이 건축물은 연면적이 약 1,320㎡이며 사무실 및 소규모 상업시설이 입주해 있습니다. 복사냉난방 패널이 설치된 후 냉방 시 공급한 냉수 온도는 16~18℃였고, 난방 운전 시 온수 온도는 38℃로 운전했습니다. 천장 복사 패널용 열원으로는 흡수식 냉온수 유닛을 적용하였습니다.

천장 패널의 시제품을 현장에 적용하여 여름철 하절기(2012.7.1~2012.7.31) 동안 운전하고 에너지 소비량을 측정해 보았습니다. 천장 복사 패널 시스템과 FCU를 함께 운전했을 때, FCU만 운전했을 때와 대비해 약 95m^{3}의 가스 소비량이 절감된 것으로 나타났습니다. FUC 단독 운전에 비해 약 17.8%의 에너지 소비량을 절감한 것입니다.

복사냉난방 패널 시스템 효과

복사 냉난방 패널을 이용하면 라디에이터나 환풍기, 배기구 등을 설치할 필요가 없기 때문에 공간 디자인에 제약을 덜 받는다는 이점이 있습니다. 또한 이 패널 시스템은 보일러뿐 아니라 지열 히트펌프, 태양집열 시스템, 온탕기 같은 다양한 열원을 이용할 수 있습니다.

소음 실험 방법과 소음의 정의

- 소음 정의 : 소음이란 단순히 시끄러운 소리만이 아니라 듣기 싫은 소리까지 포함해서 우리 감각에 불쾌감 또는 피해를 주는 비주기적인 소리이다. 일반적으로 소음의 크기를 dB(데시벨)로 표시하며 듣는 사람에게 불쾌감을 주고 작업능률을 저하시키는 모든 소리를 소음이라고 할 수 있다. (소음원 : 소음을 발생하는 기계 · 기구, 시설 및 기타 물체를 말한다.)

① 암 소 음 : 한 장소에 있어서 특정의 음을 대상으로 생각할 경우 대상소음이 없을 때 그 장소의 소음을 대상소음에 대한 암소음이라 한다.
② 대상소음 : 암소음 이외에 측정하고자 하는 특정의 소음을 말한다.
③ 소 음 도 : 소음계의 청감보정회로를 통하여 측정한 지시치를 말한다.

- 바닥에서 소음기 이격거리 기준

① EN 14240의 실내 온도센서 설치 위치 참고
1.7m : 보통 체격 기준의 성인 남성이 서 있을 때의 높이
1.1m : 보통 체격 기준의 성인 남성이 앉아 있을 때의 높이
② 실내 소음 측정 기준
실내소음은 바닥으로부터 1.2~1.5m 높이, 벽으로부터 1m, 창으로부터 1.5m 이상 떨어진 위치에서 측정하여야 하며, 정재파의 존재를 고려하기 위해 최소한 ±0.5m이상 떨어진 세 위치의 측정치를 산술평균하여야 한다.
③ 공동주택의 소음 측정 기준(국토부 고시 제463호 '86.10.15)
소음계의 마이크로폰은 지면에서 1.2m~1.5m 높이에 지지장치로 측정하여 설치하는 것을 원칙으로 한다. 본 실험에서는 여러 참고 기준 중에서 국토교통부에서 제시하는 기준을 선택하였다. 정부에서 제시하는 가장 신뢰할 만한 이격거리 기준이라고 판단하였다.

이 시스템을 이용하면 기존 대류 방식 냉난방 방식을 이용했을 때와는 실내 환경이 완전히 달라질 수 있습니다. 복사 냉난방 패널을 부착했을 때 에너지 소비가 절감된다는 것은 실험을 통해 알 수 있었습니다. 그런데 복사 패널의 장점은 이것만이 아닙니다. 이 시스템은 공조 시스템과 비교했을 때 발생 소음 역시 작습니다. 공조 시스템의 주 소음원인 팬의 영향을 받지 않기 때문이죠.

초고층빌딩연구단에서는 실험을 위해 만든 공간에서 복사 냉난방 패널 시스템의 소음 효과를 측정해 본 결과, 이 시스템에 소음이 적다는 사실을 발견했습니다.

미래의 초고층 복합건축물은 규모나 높이 경쟁에 치우쳐서는 안 됩니다. 국내에서는 초고층건축물 건설과 더불어 도심 활성화시키기 위해 녹지 보급을 확대하는 한편, 초고층 복합건축물에 저에너지 친환경 건축기술을 향상시켜 해외의 초고층건축물 공사 수주도 확대해 나가야 합니다.

이런 미래의 초고층건축 기술은 첨단과학과 공학 기술의 저변을 확대시키고 우리나라의 건축기술을 진일보시킬 수 있을 것입니다. 또한 이런 첨단기술은 일반적인 중 · 저층 건축물의 건축기술에도 큰 영향을 미치게 됩니다. 세계적인 경제 위기로 건설 산업이 전반적으로 침체되고 있는 최근, 미래의 새로운 활로를 개척하기 위한 기술개발이 무엇보다 필요한 시점입니다.

초고층 복합건축물이 갖는 환경 및 에너지 문제를 해결하게 되면 초고층 복합건축물에 대한 국내외의 인식이 개선될 수 있습니다. 관련 기술을 우리나라가 소유하게 되면, 중국이나 중동, 동남아시아 등 신흥국의 초고층건축물 시장에서 기존 선진국과 차별화된 경쟁력을 우리 힘으로 갖출 수 있게 될 것입니다.

Chapter 13

건축물 시공에서 위치 변화를 잡아라

시공 중 변위제어 기술 개발

피사의 사탑은 왜 기울어 있을까?

비스듬하고 위태롭게 기울어져 있는 피사의 사탑을 모르는 사람은 아마 없을 것 같습니다. 사탑(斜塔)이라는 이름부터가 기울어져 있다는 뜻인데요. 이탈리아의 피사 지역에 있는 전체 8층의 이 탑은 흰 대리석을 재료로, 최대 높이는 58.36m이며, 무게는 1만 4453톤으로 추정됩니다. 사탑은 중심축에서 최대 약 5.5° 기울어져 있는데 길이로 환산한다면 가장 높은 층이 수직에서 5.6m 정도 벗어나 있는 것입니다.

1990년 이탈리아 정부는 경사각을 수정하기 위한 보수공사에 착수하였습니다. 10년에 걸친 보수작업 끝에 탑의 기울어짐 현상은 일부 개선되어 경사각 3.9°의 수준으로 복원되었습니다. 그런데 이 피사의 사탑이 설계나 건축 단계부터 기울어진 것은 아닙니다. 사탑은 왜 지금처럼 기울어지게 된 것일까요?

그림 13.1 피사의 사탑

피사의 사탑은 1173년 피사 공화국이 팔레르모 해전에서 사라센 제국 함대에 대승한 것을 기념하기 위해 만들기 시작한 종탑입니다. 이 사탑은 피사 태생의 건축가 보나노 피사노가 설계하였습니다. 하지만 건설하는 과정에서 2층을 완성하기 전에 탑이 한쪽으로 기울기 시작했고, 착공 5년 만에 공사가 중단되고 말았습니다. 건축물 지반의 한쪽만 가라앉는 부등침하가 기울어짐의 원인이었습니다. 이후 이 부등침하를 해결하여 공사를 재개할 것인가를 놓고 수많은 논의가 오갔지만, 뚜렷한 해결책을 찾지 못한 채 피사 공화국의 전쟁 수행에 따른 문제로 공사는 100년이 다 되도록 재개되지 못했다고 합니다.

1272년, 중단된 지 94년만에 건축가 조반니 디 시모네에 의해 다시 공사가 재개되었습니다. 조반니 디 시모네는 건축물에서 기울어진 쪽 기둥을 길게 하고 반대쪽을 짧게 보정하는 방식으로 시공하자고 제안하였고, 위층을 지면에 수직이 되도록 인위적으로 맞추어 건설하기 시작했습니다. 그러나 이런 보정 방법은 일시적으로는 수직도를 회복시켰지만, 결국에는 근본 문제였던 부등침하를 가속시키는 결과를 가져왔습니다. 지반이 약한 쪽의 기둥을 길게 하는 바람에 건축물의 하중이 증가되었고, 이로 인해 침하가 더해져 사탑은 더욱 기울어지기 시작했습니다. 결국 재공사도 6년 만에 다시 중단되었습니다.

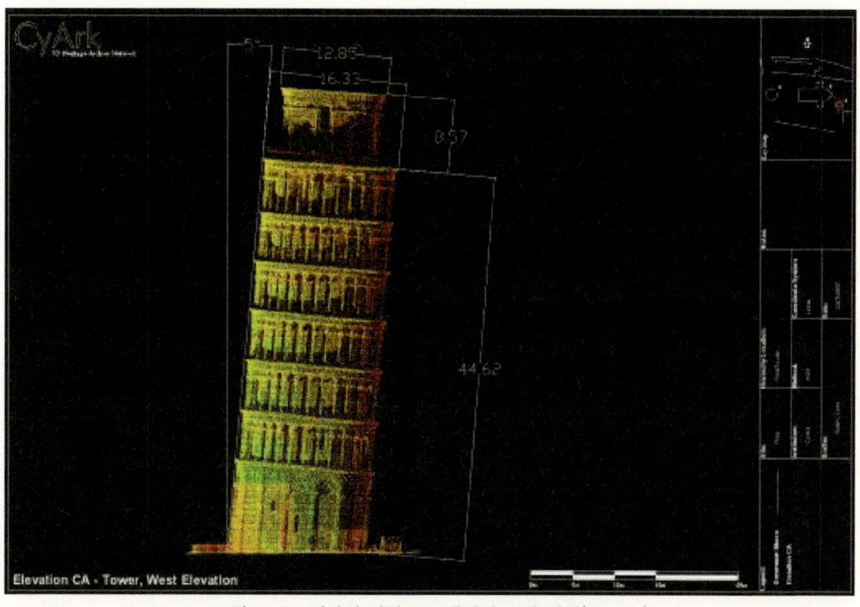

그림 13.2 피사의 사탑 3D 레이저 스캔 결과(Cyark)

그 동안 피사 공화국은 1284년 제노바 공화국과 코르시카와 사르데냐를 두고 다투다 멜로리아 해전에서 큰 손실을 입으며 완전히 주저앉고 말았습니다. 기울어가는 사탑만큼이나 피사 공화국의 국력도 기울어가던 1319년, 이번에는 토마소 디 안드레아 피사노라는 건축가에 의해 사탑의 공사가 재개되었습니다.

1173년 착공할 때에는 훨씬 높은 종루를 건설할 계획이었지만 이제 탑은 기울고 나라의 사정도 어려워졌으니만큼 애초의 설계를 따르기엔 무리였습니다. 토마소 디 안드레아 피사노는 그때까지 건설되어 있던 탑의 꼭대기 위에 종전의 기울기를 무시하고 지면과 수직이 되도록 7층을 시공하여 완공시켰습니다. 200여 년 만에 공된 피사의 사탑은 그 결과 꼭대기만 지면과 수직인 이유가 여기에 있습니다.

시공 도중 변형되기 쉬운 초고층건축물

피사의 사탑에 일어났던 변형이라는 문제는, 이 건축물에만 일어난 특수한 것이 아닙니다. 사실 고층의 건축물은 설계한 그대로 똑바로 수직으로 건설하기가 쉽지 않습니다. 이런 정밀 시공은 로마 시대 건축부터 현대 건축에 이르기까지 건축에서 매우 중요한 문제입니다. 수직으로 똑바로 건축물을 올리기 위해서는 기술적으로 해결해야 할 사항이 많습니다.

특히 높이 200미터 또는 50층 이상의 초고층 건축물을 짓게 되면 기술 수준의 차이가 극명하게 드러날 수밖에 없습니다. 건축물을 지으면서 아랫부분에 아주 작은 오차가 발생해도 꼭대기의 상황은 완전히 달라지죠. 예를 들어 지표에서 수직선의 각도를 1도만 어긋나게 시공해도 500미터 높이까지 올라가면 수직선에서 9미터 가까이 멀어지게 되는 것입니다.

건축물을 짓다 보면 자재의 무게, 재료의 특성, 시공 순서에 따라 자연적인 변형이 발생하기도 합니다. 시공 중에 건축물의 높이가 감소하는 '축소량' 현상이 대표적인데요, 특히 콘크리트로 짓는 건축물은 이 축소량의 문제가 더욱 두드러집니다. 콘크리트는 아시다시피 물, 시멘트, 골재의 혼합물이기 때문에 굳는 과정에서 물이 소비되고 내부 수분이 증발합니다. 따라서 체적에도 변화가 일어나고 건축물의 높이도 축소되는 것이죠. 이 현상을 콘크리트의 건조 수축이라고 합니다.

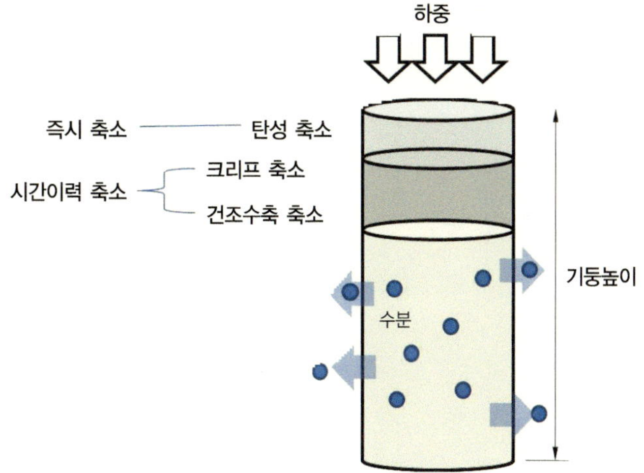

그림 13.3 콘크리트의 축소 개념

또한 하중의 증가 없이 지속적으로 길이가 변하는 크리프 현상도 콘크리트 건축물의 축소량에 영향을 미칩니다. 이런 건조수축 현상과 크리프 축소 현상은 시공 후 바로 발생하는 것이 아니라 완공되고도 몇 십 년이 지날 때까지 지속적으로 발생합니다. 이런 변형의 크기는 하중에 의한 탄성변형의 2~3배에 달할 만큼 상당합니다. 이런 변형에 따른 오차 범위는 건축물 높이 1미터당 1밀리미터 내외로 크지 않지만 초고층건축물의 경우는 하부 층부터 누적된 변형이 상층부에 가서는 정밀도와 안

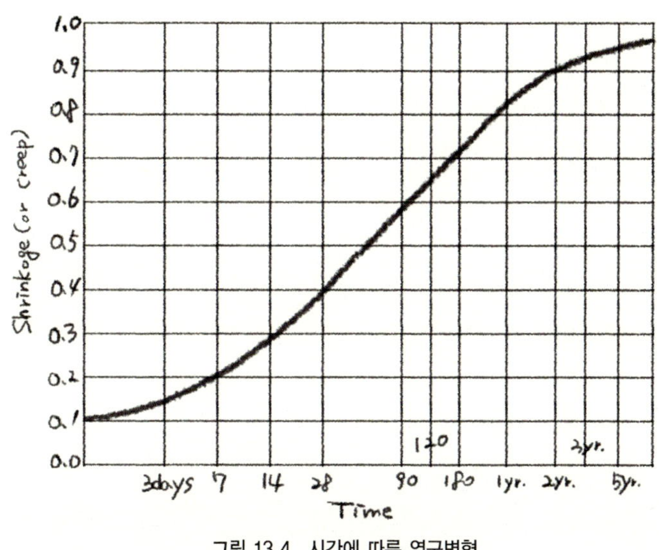

그림 13.4 시간에 따른 영구변형

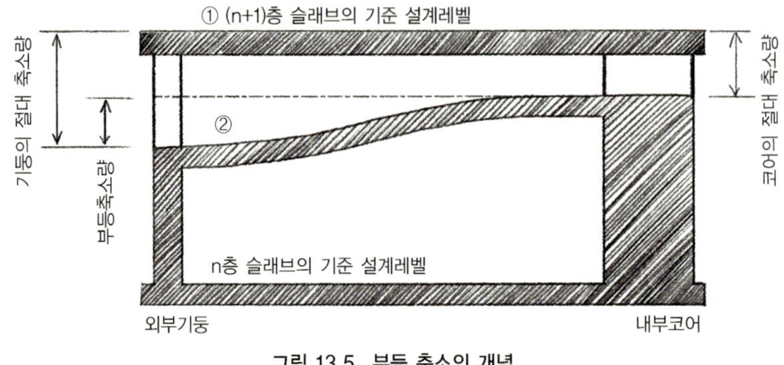

그림 13.5 부등 축소의 개념

전을 위협하는 문제가 될 가능성도 있습니다.

건축물의 모든 수직부재가 동일한 값으로 축소된다면 심각한 문제가 아니겠지만, 만약 수직부재 변형의 크기가 부재마다 다를 경우에는 예상치 못한 문제가 발생할 수 있습니다. 이와 같은 수직부재 사이의 변형 차이를 '부등 축소'라고 합니다.특히 건축물 형태가 비정형이거나 해서 무게 중심이 중앙에 있지 않다면, 전체 건축물이 한쪽 방향으로 기울어질 수도 있습니다. 결국 예상보다 더 큰 힘이 골조에 가해져 구조적 안정성이 저해될 수도 있는데요. 그렇게 되면 골조공사가 끝난 후에 진행되는 바닥 마감, 외장 창호, 엘리베이터 등을 시공할 때에도 어려움이 생깁니다.

실제로 미국 시카고에서 완공한 지 13년이 된 40층 초고층 건축물에서 수평배관, 수직배관 및 엘리베이터 레일에서 축소량에 의한 문제점이 발견된 사례도 있습니다.

시공 도중 일어나는 위치 변화를 어떻게 막을까

만약 피사의 사탑을 오늘날 건설한다면 어떤 과정을 거쳐야 할까요? 기존의 설계와 재료를 동일하게 사용하고 동일한 지반 조건에서 건설한다고 가정할 때, 이 공사에서 가장 시급하게 해결해야 하는 문제는 시공 중 발생하는 변형, 즉 건축물이 기울어지는 것입니다. 사탑이 시공 도중 기울어지는 것을 제어하기 위해 필요한 기술은 이런 순서로 시행되어야 할 듯합니다.

먼저 시공 과정에서, 그리고 완성된 후에 얼마나 변형되고 기울어질지 예측하는 작업을 먼저 수행해야 합니다. 다음으로는 이 예측의 정밀도를 높이기 위해 실제로 건설에 사용되는 재료의 변형을 파악해서 예측에 반영해야 합니다. 즉 재료의 장기 변형 시험 및 분석 기술이 필요한 것입니다. 피사의 사탑에는 주로 석재가 사용되었으므로 건조 수축이나 크리프 변형은 그리 크게 발생하지 않겠지만 예측의 정밀도를 높이기 위해서는 사전에 건축 재료의 특성 분석을 반드시 거쳐야 할 필요가 있습니다. 예측 작업이 완료된 후 그 값을 바탕으로 시공 전에 건축물의 보정 계획을 수립해야 할 수도 있습니다. 1272년 건축가 조반니 디 시모네는 공사를 재개하면서 기울어진 쪽 기둥을 길게 하고 반대쪽을 짧게 보정했습니다. 하지만 현대 기술의 측면에서 본다면, 오히려 그와는 반대의 방식으로 건축물 무게를 분포시키는 방법이 합리적일 것입니다.

그 후, 실제 시공 과정에서 의도한 대로 건축물이 시공되는지 지속적으로 관찰할 수 있는 모니터링 기술을 적용해야 합니다. 실제 관찰된 값을 바탕으로 시공 과정 중에도 예측값을 지속적으로 수정하고 그에 따라 보정계획을 변경할 수도 있습니다. 이런 과정을 거쳐 사탑을 만들게 되면, 아마 이 탑은 더 이상 '사탑', 즉 기울어진 탑이 아닐 것입니다. 맨 처음 건축물을 지을 때 피사 사람들이 의도했던 것처럼, 도시국가 피사의 승전을 축하하는 높고 아름다운 종탑이 될 수 있겠죠. 위에서 보았듯이 건축물의 변위를 막기 위해서는 처음부터 시공 중까지 지속적으로 신경을 써야 합니다. 초고층 건축물에서도 처음 계획된 크기와 형태로 건축물이 완성, 유지되기 위해서는 피사의 사탑에 필요한 것과 비슷한 기술이 필요합니다. 이처럼 건축물 골조의 움직임을 제어하고 관리하는 것을 '시공 중 변위 관리 기술'이라고 합니다.

시공 중 변위 관리 기술은 계획부터 시공까지 단계별로 고도로 특화된 전문성이 필요합니다. 한국 건설사들은 과거에는 주로 해외의 유명 설계사가 보유한 기술에 의존해야만 했습니다. 미국의 SOM, LERA 등과 영국의 ARUP만이 관련 기술을 보유하면서 전 세계 거의 모든 초고층건축물의 변위 관리를 독점하고 있었죠. 이에 비해 한국에서는 초고층건축물의 축소량 예측에만 관심이 있었을 뿐, 변위 예측이나 시험 · 측량 · 제어 등 종합적이고 경쟁력 있는 시공 중 변위 관리 기술을 보유한 업체는 하나도 없는 실정이었습니다.

이에, 초고층빌딩연구단에서는 이 기술을 국산화하는 한편 세계 최고 수준의 기술을 만들겠다는 목표 아래 초고층건축물 시공 중 변위 기술 개발을 시작했습니다.

변위 기술 개발에 성공하다

시공 중 변위 제어 기술은 앞서 살펴보았듯이 단순한 것이 아니라 복합적이며 종합적인 기술입니다. 연구단에서 개발한 새로운 기술 역시 여러 단계에 걸쳐 있습니다. 각 단계별로 새로 개발된 기술을 알아보겠습니다.

1) 예측 기술

시공 중 변위 제어 기술을 순서에 따라 보았을 때, 시공에 앞서 건축물의 변형이나 재료의 변형 등을 예측하는 예측 기술이 있다고 하였습니다. 연구단에서 새로 개발한 예측 기술은 ASAP(Advanced Stage Analysis Program)라는 이름의 초고층 건축물 전용 시공 단계 해석 프로그램입니다.

이 분야에서 기존에 쓰이던 상용 소프트웨어로는 MIDAS/GEN, SAP2000, ETABS, GSA Building 등이 있습니다. 이들은 개발할 당시 교량의 시공 단계 해석에 맞춰져 있었고 이후에 기능을 추가하였습니다. 따라서 초고층 건축물의 시공 단계를 해석하는 일도 가능하긴 했지만, 아무래도 실무적인 부분에서 기능이 적합하지 않거나 모자란 부분이 있었습니다. 새로운 ASAP 프로그램은 기존 상용 프로그램의 이런 단점을 보완하고자 했습니다. 구조 · 시공 분야의 프로그래머와 엔지니어들이 개발에 함께 참여했던 것은 그런 이유였습니다. 공동 작업의 결과 2007년에 프로그램의 첫 번째 버전이 개발되었고 2008년에 두 번째 버전이 개발되었습니다.

이 프로그램은 2014년 현재까지 여러 건설 현장에 적용되어 성능을 검증받았습니다. 검증 과정에서 현장에서 발생하는 실무적인 문제들을 해결할 수 있는 기능들이 지속적으로 추가되고 있기도 하죠.

2) 시공 중 적용되는 기술

ASAP의 주된 기능은 시공 단계를 고려한 구조 해석 알고리즘입니다. 이 프로그램을 이용하면 먼저 해석이 수행될 시공 단계를 정의한 후, 각 시공 단계 사이에 발생하는 콘크리트의 변형을 고려하여 사전에 정해진 '목표일'에 이를 때까지 반복적으로 구조 해석을 수행합니다. 목표일은 콘크리트의 장기변형 효과를 반영하기 위해 일반적으로는 준공 후 몇 해가 경과한 시점으로 설정하지만, 시공 중 변위를 확인하기 위한 별도의 목표일을 설정할 수도 있습니다. 따라서 ASAP 프로그램을 이용하여

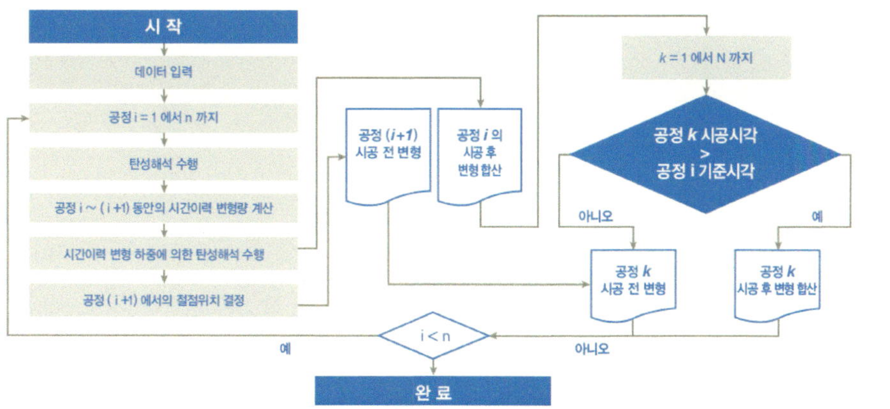

그림 13.6 ASAP 해석 알고리즘(대우 E&C)

시공 전 예측뿐 아니라 완공되는 과정에서, 그리고 완공 이후 여러 해가 지난 시점까지도 시공 중의 변위를 계속해서 해석해낼 수 있다는 말입니다.

ASAP 프로그램은 내부적으로 매번 해석이 수행될 때마다 변형된 구조 부재의 위치가 반영됩니다. 시공 단계별로 누적된 변위를 전문가들은 '시공 전(UPTO) 변위'와 '시공 후(SUBTO) 변위'로 구분합니다. 말 그대로 시공 전 변위란 해당 시공 단계 전까지 누적되어 발생한 변위이며, 시공 후 변위는 해당 시공 단계 이후부터 목표일까지 누적되어 발생한 변위를 의미합니다.

ASAP 프로그램은 콘크리트의 장기 변형 효과를 고려하기 위해 널리 참조되는 여러 수치와 연구결과를 반영해 만들었습니다. 콘크리트 배합 설계가 완료된 시점에 재료 시험을 수행하여 얻어진 특성값을 직접 입력하여 해석의 정확도를 향상시킬 수도 있습니다. 공사 단계에서 일어나는 여러 변화와 재료의 특성을 입력하여 단계별로 새로운 계산 결과를 계속해서 얻어내는 것도 이 프로그램을 이용하면 가능해집니다.

또한 이 프로그램에서는 해석이 종료된 후 그래픽 사용자 인터페이스를 통해 시공 단계에서 발생한 변위를 손쉽게 확인할 수 있습니다. 전체 변위뿐 아니라 시공 전과 시공 후의 변위를 구분할 수 있으며, 모든 구조 부재가 목표일까지 어떻게 변형되어왔는지를 저장할 수도 있습니다. 사전에 선택된 특정 구조 부재에 대해서는 목표일까지의 내력 변화를 별도로 확인할 수 있습니다. 이런 기능 덕분에 부재의 변형과 시공 과정의 영향, 건축물 전체의 변형 정도를 쉽게 알 수 있게 되었죠. 또한 ASAP 프로그램을 이용하면 골조의 변형을 보정하는 것도 가능해집니다.

3) 모니터링 기술–3차원 레이저 스캔

시공 중의 변형을 모니터링하기 위해서는 이미 여러 방법이 쓰이고 있었습니다. 가장 널리 쓰이는 것은 계측 센서에 의한 방법입니다만, 이 계측은 부재 단위의 변형을 계측하는 데 국한되기 때문에 건축물 전체 골조의 변형을 평가하기는 어렵다는 단점이 있습니다. 측량을 이용하는 방법으로 광파기와 GPS를 활용한 측량 방법도 활용되고 있으나 광파기 측량에는 장비 운용상의 오차가 존재하며 이를 극복하기 위한 GPS 측량 기술도 복잡한 장비 구성과 제한된 측량 타깃으로 인해 부정확한 결과가 발생하기 쉬웠고 효율도 떨어졌습니다.

초고층빌딩연구단에서는 건축물의 변형을 모니터링하는 기술을 개선하기 위해 3차원 레이저 스캐닝 방법이 가장 적절할 것으로 결론내리게 되었습니다. 이 방법을 이용하면 장비 운용상의 문제와 오차 수준을 최소로 줄이면서, 건축물 전체에 대한 형상 및 3차원 좌표를 얻을 수 있기 때문입니다. 실제 초고층 건축물 측량에 3차원 레이저 스캐닝 기술을 적용해 본 결과, 예측값 및 기존 측량 방법을 비교했을 때 정밀성과 효율성을 확인할 수 있었습니다.

건설 분야에서 3차원 레이저 스캐너는 주로 고건축물이나 문화재 등을 측정할 때 사용되었습니다. 저층의 비정형 건축물에 적용되는 경우도 가끔 있었죠. 이 기술을 초고층 건축물에 적용하기 위해서는 유효거리가 긴 스캐너 장비, 방대한 스캔 데이터를 효율적으로 처리할 수 있는 기술, 엘리베이터 코어처럼 내부 공간이 비어 있고 수직으로 연속된 공간을 효율적으로 스캔할 수 있는 기술 등이 다시 필요해집니다.

그림 13.7 초고층건축물의 3D 레이저 스캔 결과

초고층빌딩연구단에서는 엘리베이터 코어 중심에서 스캔할 수 있는 기법과 데이터 후처리를 간소화할 수 있는 방법을 개발하여, 세계 최초로 초고층 건축물을 3차원 레이저 스캐너로 측량할 수 있는 기법을 실용화해냈습니다.

동남아 초고층건축물 시장에 기술 한류의 바람을

초고층빌딩연구단에서 새롭게 개발한 시공 중 변위 제어 기술은 특히 동남아시아의 건설 현장에 많이 적용됩니다. 최근 동남아시아 지역이 초고층건축물의 신흥시장으로 떠오르고 있는 것은 잘 알려져 있고, 한국 여러 건설사의 기술과 인력이 현지에 진출해 활약하고 있습니다.

연구단에서 개발한 변위 제어 기술로 관리한 말레이시아 IB타워 건축물은 준공되면 말레이시아에서 세 번째로 높은 건축물이 됩니다. 이 건축물은 기둥이 바깥에 있는 독특한 외관으로 건설 과정에서도 화제가 되었죠. IB타워에 한국의 변위 제어 기술이 성공적으로 적용되면서, 말레이시아에서 가장 높은 Top 5 빌딩에서 2, 3, 4위를 차지하는 메나라(menara)텔레콤(지상 77층, 310m), IB타워(지상 58층, 278m), KLCC타워(지상 58층, 267m)에 모두 이 기술이 적용되는 성과를 거두었습니다.

많은 이들이 가요나 드라마를 비롯한 대중문화의 한류에 관심을 가지고 있습니다. 하지만 대중문화 한류만큼 널리 알려져 있지는 않아도 한국의 연구진은 말레이시아를 넘어 세계 선진 건설사들이 모두 진출하여 각축을 벌이는 싱가포르의 초고층 최고급 콘도미니엄 시장에서도 스코트타워(지상 32층, 150m)와 알렉산드라뷰 콘도(지상 43층, 160m)에 선진 기술을 적용하여 동남아시아 지역에서 초고층건축 기

그림 13.8 Menara 텔레콤, KLCC 타워, IB 타워

술의 한류 열풍에 이바지하고 있습니다.

또한 최근 베트남 하노이에 초고층 빌딩을 시공 중인 건설사로부터 시공 중 변위 관리에 대한 자문 요청을 받아 협의 중이며, 인도네시아 자카르타의 초고층 프로젝트에도 기술 적용을 추진하고 있습니다. 지난 5년여 간의 연구 결과를 바탕으로 개발된 새로운 시공 중 변위 제어 기술은 이제 단순히 기술 국산화 단계를 넘어 세계 시장에서 기술적으로 인정을 받으며 기술 수출 시대를 열어가고 있는 것입니다.

Chapter 14

초고층건축물, 관리에도 지능이 필요하다.

지능형 유지관리 기술

초고층건축물과 에너지 관리

환경 보호와 에너지 절약의 필요성은 이제 더 이상 말하지 않아도 누구나 인식하고 있는 사안입니다. 이런 상황에서 건설 분야에서도 에너지 절감에 대한 인식과 관련 기술 개발이 더 활발해지고 있습니다. 사실 건축물에너지의 소비량은 국가 총 에너지 소비의 1/4을 차지할 정도입니다. 기후변화협약과 국제 정세에 대응하기 위해 건축물에너지를 절약하는 방안을 마련할 필요성이 어느 때보다 높아졌습니다.

1995년 한국의 이산화탄소 배출량은 101.1백만 TC였으며, 1996년도부터 2000년까지 5.2%의 배출 증가율을 보여 2000년 148.5백만 TC, 2005년 187.4백만 TC, 2010년 217백만 TC로 증가하며 세계 6위의 배출국이 될 것으로 전망됩니다. 1990년에서 1995년까지 독일 · 영국 등의 이산화탄소 배출량은 감소하였으며, 반면 미

전 생애주기 환경부하 ($LCCO_2$)

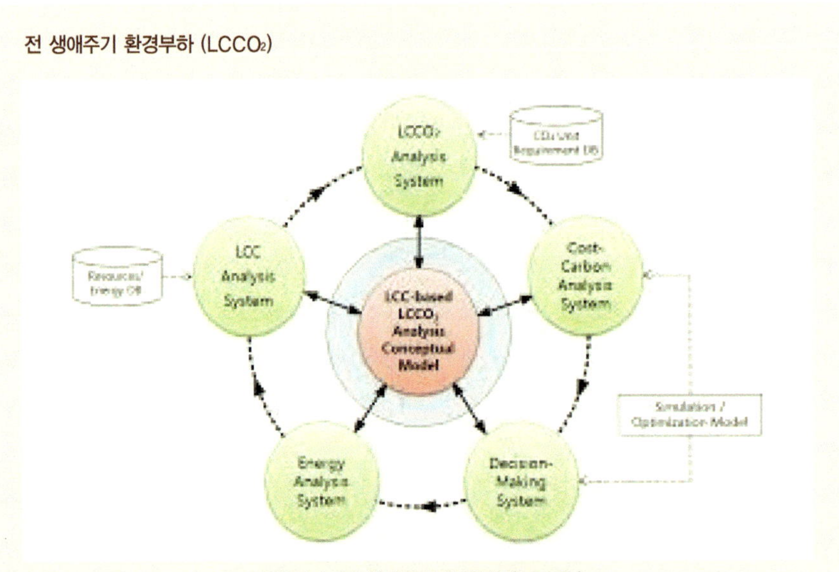

그림 14.1 전 생애주기 환경부하($LCCO_2$)

전 생애주기 환경부하($LCCO_2$)란, 건축의 기획 설계에서 자재제조, 건설, 운용, 개수, 폐기에 이르기까지 라이프 사이클에서의 이산화탄소 배출량을 산출한 것이다. 35년 주기로 바뀌는 모델을 상정하여 $LCCO_2$를 시산하였고, 그 결과를 보면 건축물 운영시에 배출되는 CO_2의 비율은 라이프 사이클 전체의 47.7%에 상당하며 건설단계에서 에너지절약을 고려한 건축물이라 할지라도 건축물이나 설비를 운용하는 단계에서 적절한 관리나 운전이 되지 못한다면 에너지 절약은 기대할 수 없으며, 오히려 막대한 에너지를 낭비하는 결과를 초래할 것이다.

국 · 일본 등은 10% 이내의 증가율을 보였고 한국은 55%에 달하는 큰 폭의 증가율을 보였습니다. 앞으로 이산화탄소 배출에 대해 더 신경을 써야 할 필요가 큽니다.

건축물 부문의 에너지 소비는 건축물의 신축부터 운영 및 관리는 물론, 철거에 이르기까지 건축물의 수명 전체에 걸쳐 일어납니다. 건축물의 에너지 소비에서 가장 큰 비중을 차지하는 것은 바로 건축물의 실내 환경을 쾌적하게 유지하기 위해 소비되는 건축 설비 에너지입니다.

건축물 운영 및 관리에 필요한 에너지는 매년 지속적으로 거의 일정하게 발생하기 때문에 건축물의 수명 동안 소비되는 에너지비용은 건축물 생애 주기 비용 중 약 83%에 이릅니다. 따라서 에너지의 지속 가능성에 주목하는 지능형 유지 관리 기술의 목표는 건축물 운영 및 관리에 소비되는 에너지를 절감하는 데 있습니다.

2000년을 기준으로 국내 건축물 재고 면적은 총 1,380,148,000m²인데, 이 건축면적은 1990년 이후 연평균 13.6%씩 증가하고 있습니다. 2003년 이후 2012년까지 약 500만 호의 주택이 추가 건설되었고, 2020년까지 신축 및 재건축을 포함하여 약 700만 호 이상의 주택이 건설될 전망입니다.

최근 경제적인 발전과 도시 기능이 확대되면서 신축 건축물은 대부분 첨단화 · 고층화 · 대형화를 지향하고 있습니다. 이런 추세 속에서 건축물 설비 분야에서도 유지 관리의 편의성을 강조하는 방향, 사무기기의 증가와 안정성을 고려하는 방향

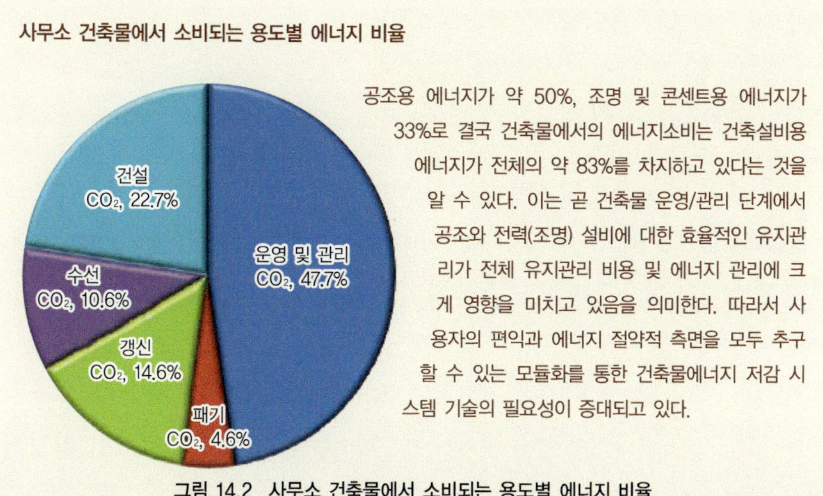

그림 14.2 사무소 건축물에서 소비되는 용도별 에너지 비율

으로 건축이 이뤄지고 있습니다. 최근 건설되는 건축물은 사무용이나 주거용 할 것 없이 모두 첨단화 · 지능화 · 유비쿼터스화 · 집단화를 지향하는 추세이기 때문에 이런 점을 반영해서 사용자의 편익과 에너지 절약 효과를 모두 추구하는 방향으로 기술을 개발해야 합니다.

정부는 향후 대구, 울산, 광주. 전남, 원주, 김천, 진천, 음성, 진주, 전주, 완주 등 8개 혁신도시를 집단 에너지 공급 대상 지역으로 지정한다고 발표한 바 있습니다. 공공기관이 지방으로 이전하면서 혁신도시들이 해당 지역의 새로운 성장거점으로 개발되고 있습니다. 이와 관련된 사업 규모는 총 1,500만 평에 이르며, 앞으로 막대한 양의 에너지가 소요될 것으로 보입니다. 따라서 이런 도시재개발, 뉴타운, 복합/혁신도시 건설 프로젝트에서 에너지 사용량 증가를 억제하는 혁신적인 개념의 에너지 절약형 신도시가 건설되어야 할 것으로 보입니다.

2007년 건축물 부문의 에너지 총 소비량은 국가 전체 에너지의 약 36%를 차지하며, 그 중 주거형 건축물은 58.3%, 상업용 건축물은 32.5%, 공공 · 기타 건축물은 9.2%를 소비하는 것으로 나타났습니다. 주거 부문 건축물이 상업 부문 건축물보다 약 2배에 가까운 에너지를 더 소비하고 있다는 것이 독특합니다. 이때 에너지 단위 측면에서 볼 때 첨단화된 건축물은 일반 건축물에 비해 1.5~2배 가까이 에너지 소비가 많다는 결과도 나오고 있습니다.

에너지 절감은 세계적 추세

여러 선진국은 에너지를 효율적으로 사용할 수 있는 기술 개발과 정책 발굴에 사활을 걸고 있습니다. 일본의 '신국가 에너지전략'이나 미국의 첨단에너지 '이니셔티브(AEI)', 유럽연합의 '그린 페이퍼(Green Paper : Doing More with Less)' 등은 모두 에너지 위기에 대응하려는 노력들입니다.

미국 캘리포니아 주는 미국 내에서도 에너지를 효율적으로 사용하는 주로 유명합니다. 이곳 시민들은 자동 검침 시스템(Automatic Meter Reading)을 통해 자신이 쓰고 있는 에너지의 양을 실시간으로 확인할 수 있을 뿐만 아니라 월별 예상 소비액까지 알 수 있습니다. 또 가장 요금이 비싼 피크 시간대에는 자동 온도 조절장치(Smart Thermostat)' 에 의해 냉난방 온도가 적정 수준으로 자동 조절됩니다. 이처럼 IT를 활용한 에너지 절약 시스템을 도입한 결과 캘리포니아 주는 에너지 사용량이 이전 대비 평균 10~13% 감소한 것으로 나타났습니다. 호주의 빅토리아 주도 AMI(Advanced Metering Infrastructure) 프로젝트를 운영하고 있습니다. 주민들에게 그들의 에너지 소비 실태 정보를 자세히 제공해 요금을 절약하는 프로젝트이며, 에너지 절약을 통해 온실가스 배출을 줄이자는 의도가 있습니다.

최근 한국의 한 벤처기업은 스웨덴에 전력 사용량과 요금을 실시간으로 파악할 수 있는 자동 검침 시스템(Automatic Metering Reading)을 수출했는데요. 이처럼 여러 나라에서 앞다투어 에너지를 절감할 수 있는 기술을 개발하고 있는 것입니다. 첨단 건축물은 기능성과 편리성을 중요시하면서 에너지 사용량이 크게 증가하고 있습니다. 기존의 건축 분야에서 기능성과 편리성만 강조하고 반면 IT 기술에 의한 센서, 설비 및 사무기기, 가전기기를 에너지 측면에서 총괄적으로 운영/관리하는 방안을 고려하지 못했기 때문입니다.

따라서 기능성 및 편리성을 지향하면서 건축물에너지를 대폭 절감할 수 있는 IT 융합 에너지 절약형 첨단 건축물을 설계하고, 이를 통합적으로 제어 관리할 수 있는 기술을 개발해야 합니다.

	Twenty in Ten ('07.1)	2017년까지 휘발유 소비의 20%절감 (15% 신재생연료 대체, 평균연비강화 5% 절감)
	新국가에너지전략 ('06.5)	2030년까지 에너지효율 30% 추가개선
	제11차 5개년계획 ('06~2010)	2010년까지 에너지원단위 '05년 대비 20% 감축
	新 에너지정책 ('07.1)	온실가스배출20% 감축, 에너지절약 20% 달성(2020)
APEC	시드니 정상선언 ('07.9)	2030년까지 에너지원단위 25% 감축

그림 14.3 해외 에너지 절감 노력

신개념 건축물관리가 필요하다

현재까지 건축물 에너지 절감과 관련된 기술들은 '연구를 위한 연구 기술', 즉 연구 수준의 순수 개발 기술에 그치는 경우가 많았습니다. 개발된 기술들이 실용화되지 못하고 사장되는 경향도 있었죠. 이제는 건축물 에너지 저감 기술의 분야별 현황을 파악하고, 현존 기술의 장단점을 분석하여 모듈화를 통한 건축물 에너지 저감 시스템 기술을 개발해야 합니다.

초고층 복합빌딩에 설비되는 전력망은 에너지 분야와 건설 부문의 다양한 혁신 기술을 융합해서 그린빌딩을 위한 에너지 체계를 근본적으로 다시 정립하려는 것입니다. 스마트 그리드와 연동된 전력망 연동형 초고층 복합빌딩 시스템 기술은 초고층 건축물만을 위한 기술을 넘어 향후 신축 건축물과 기존 건축물의 빌딩 그린화(Go-To-Green)를 구현하려 합니다.

빌딩 부문의 에너지 효율화에 대한 기존의 연구는 몇 가지 한계가 있었습니다. 기존 연구들은 대부분 '빌딩 단독으로써의 에너지 효율화' 라는 관점만을 검토하는 경향이 있었습니다. 빌딩의 에너지 효율을 그 자체로 향상시키는 것도 의미가 있겠지만, 현대는 사회 전체의 에너지 체계를 고려하면서 에너지 효율을 최적화하는 것이 더욱 효과적이며 합리적이라고 할 것입니다. 예를 들어 전력 사업자의 공급 상황을 고려하면, 단일 건축물의 에너지 효율이 다소 나빠지더라도 국가 전체의 에너지 소비가 월등히 크게 절감되는 편이 효과적일 수도 있는 것입니다. 빌딩의 에너지 문제는 전체 사회의 관점에서 통합적이고 장기적인 관점에서 다루어야 합니다.

또한 대부분의 기존 연구에서는 최근 에너지 분야, 특히 전력 분야에서 급격하게 일어나고 있는 기술 혁신을 고려하지 못하고 있습니다. 최근 전력 분야에서는 스마트 그리드 및 전기자동차, 직류 서비스, 전력 저장 장치, 마이크로 그리드, 양방향 전력 거래 체계, 실시간 전력 요금제, 실시간 수요관리 기술 등의 혁신 기술이 활발하게 언급되고 있습니다. 이런 기술들에 기반한 혁신은 최근에 촉발되었는데, 향후 10년 이내에 전체 에너지 체계의 근간을 와해하게 될 것으로 보입니다. 초고층 건축물의 에너지 체계를 수립하기 위해서는 이런 혁신 기술들을 반드시 고려해야 합니다.

빌딩의 에너지 효율화 문제를 '빌딩 내부 에너지 소비량 최소화' 관점에서 규정하고 있는 연구가 많다는 것 역시 기존 연구의 한계입니다. 사회적 비용이라는 관점, 특히 이산화탄소 배출처럼 전지구적인 관점에서 문제를 바라보고 해결 방안을 모색하지 못했다는 것은 문제가 있습니다.

석탄으로 생산된 전력 1kWh은 약 1kg의 CO_2를 발생시키는 데 비해 신재생 에너지로 생산된 전력 1kWh은 10g 이하의 CO_2를 발생시킵니다. 이산화탄소 배출이라는 측면에서 볼 때 100배의 차이가 있는 것이죠. 전력을 더 많이 사용해서 부의 생산을 늘려도 이산화탄소 배출을 최소화할 수 있는 방법이 있다는 의미입니다. 전력망과 연동된 초고층 복합빌딩 시스템을 성공적으로 개발할 경우, 인류가 당면한 에너지 · 기후 문제를 해결하고, 향후 약 45,000조 원($41Trillion) 이상의 규모가 예상되는 스마트 그린 시티 시장에서 한국의 위상을 높일 수 있을 것으로 기대됩니다.

참여연구진

초고층빌딩 설계기술 연구단

단 장 : 정 란 | 단국대 | 건축공학과 교수

김종호	김광우	배시화	김치경	이상현	한주연	차상희	김태진
한상을	장동운	김찬규	이동우	김인한	조찬원	석희철	추승연
최현철	Huang Yin-Nan	문경선	오창원	김태형	윤동원	김오봉	이경구
황재승	하영철	임귀혁	제해성	강일동	유일한	이교선	김현배
고)조지성	김용민	김윤석	주석준	김진구	김선규	이경훈	김대익
김한수	최광호	송훈	김기철	홍준희	고원석	이지영	강성민
조찬원	윤태혁	강주석	주기범	이동기	신동현		

초고층빌딩 시공기술 연구단

단 장 : 김진호 | 포스코 | 상무

이필원	정규원	강상현	최세진	이승은	김도환	김진원	이철호
성경수	최인락	이종인	장성훈	강경인	하태훈	이재혁	정홍구
권순옥	이현수	신현준	이병석	윤성욱	김흥렬	유용호	김정엽
김정수	김화중	김선규	오상훈	이승훈	한형섭	전현규	이한백
서치호	강창훈	박홍근	김원기	홍건호	김진근	조호규	이준복
조문영	김창덕	방선미	박수정	장정희	이영재	이보미	김혜성
이미란	정은진	양윤선					

초고층빌딩 글로벌 R&BD센터

단 장 : 정 란 | 단국대 | 건축공학과 교수

강경인	김치경	정광용	이상현	조훈희	박태원	엄태성	한주연
백인관	김학영	차상희	김태훈	이동민	김완섭	남철우	이준혁
문대호	주석준	허석	이윤재	장진석	우성식	유경남	김승우
김태훈	권순옥						

첨단기술과 함께하는 대한민국 이카루스의 꿈

초고층빌딩 건축기술

2017년 2월 20일 1판 1쇄 발행

2025년 2월 10일 1판 4쇄 발행

저　　자 초고층빌딩 설계·시공기술 연구단

지　　원 국토교통부, 국토교통과학기술진흥회

윤　　필 조윤주

삽화감수 정순희

발 행 처 기문당

주　　소 서울시 성동구 무학봉 28길 4-1

전　　화 02) 2295-6171~2

팩　　스 02) 6971-8188

홈페이지 www.kimoondang.com

I S B N 978-89-6225-748-9 93540

기문당

기문당은 1976년 창립이래 반세기동안 쌓아 온 건설 전문 콘텐츠를 바탕으로 도서출판 분야를 넘어서 전자책, 온라인 강의 등 디지털 교육 분야로 나아가고 있습니다.
건설분야 최고의 지식 콘텐츠 프로바이더로서 건설인 여러분에게 더욱 전문적인 지식과 풍부한 정보들을 다양한 방식으로 전달하겠습니다.

건설분야 최고의 전문가로 성장할 수 있는 콘텐츠와 환경,
기 문 당에서 제공해 드립니다.